Photoshop 室内外后期制作技法与实践

主 编 吕祉桥

副主编 韩 旭 颜丽郦

天津大学出版社
TIANJIN UNIVERSITY PRESS

图书在版编目(CIP)数据

Photoshop室内外后期制作技法与实践 / 吕祉桥主编;
韩旭, 颜丽郦副主编. -- 天津 : 天津大学出版社,
2022.8(2024.2重印)
 ISBN 978-7-5618-7268-0

Ⅰ. ①P… Ⅱ. ①吕… ②韩… ③颜… Ⅲ. ①室内装
饰设计－图像处理软件－教材 Ⅳ. ①TU238.2-39

中国版本图书馆CIP数据核字(2022)第138135号

出版发行	天津大学出版社
地　　址	天津市卫津路92号天津大学内(邮编:300072)
电　　话	发行部:022-27403647
网　　址	www.tjupress.com.cn
印　　刷	廊坊市海涛印刷有限公司
经　　销	全国各地新华书店
开　　本	185mm×260mm
印　　张	11.25
字　　数	287千
版　　次	2022年8月第1版
印　　次	2024年2月第2次
定　　价	55.00元

前　言

1. Photoshop 是什么

Photoshop 是由 Adobe Systems 开发的图像处理软件,主要处理以像素构成的数字图像,简称 PS。Photo 意为照片,Shop 意为商店,简而言之,PS 是一个处理图像的软件商店,其可以对拍摄的照片进行后期处理,并使之达到预期的艺术效果。

2. 环境设计专业的学生能用 PS 做什么

① PS 是学生毕业后工作所需的专业软件,可用于帮助展示设计效果与产品。

② PS 可以丰富课余生活,学生可以将自己拍摄的照片处理得更有趣味性。

③ PS 是艺术类专业学生需要学习的重要内容,同时,PS 也是各学校环境设计专业人才培养方案中的一门专业基础课程。通过学习 PS,可以让学生掌握图像调整、图像合成的方法,能够独立进行与专业相关的平面设计和室内外平面、立面、剖面、效果图后期的合成以及相关的版式设计,为后续专业课程的学习奠定技术基础,也能让设计效果变得更丰富、更真实。

3. Photoshop 课程资源获取

本教材附带主编录制的 12.69 G 视频资源,使用手机拍摄图 1 后用微信识别照片中的小程序码(或直接使用微信"扫一扫"扫描图 1 的小程序码)即可进入如图 2 所示的百度网盘界面,获取教材配套的素材。

Photoshop室内外后期制作技法与实践素材

视频文件夹
2022-05-02 18:34

素材文件夹
2022-05-01 21:00

软件压缩包
2022-04-25 18:45

图 1　　　　　　　　　　　　　　　图 2

4. Photoshop 软件安装

使用手机拍摄图 1 后用微信识别照片中的小程序码(或直接使用微信"扫一扫"扫描图 1 的小程序码),进入百度网盘界面,进入"软件压缩包"文件夹(图 3),获取 2 个压缩包(图 4),"PS2018 64 位.zip"为软件压缩包,"PS 长阴影插件.rar"为插件压缩包。将这 2 个压缩包下载到电脑中,解压缩后打开,得到如图 5 所示的界面。双击"Set-up",会直接出现安装界面(图 6、图 7)。根据压缩包中的安装教程进行安装,安装成功后会在电脑桌面上得到

PS 软件的图标(图 8),打开后即可使用软件处理图像。

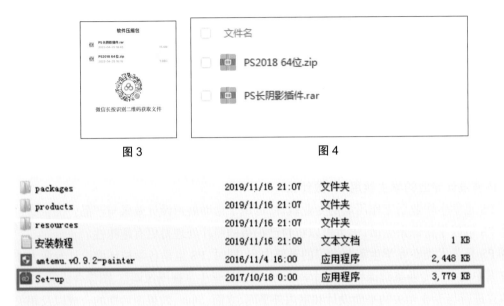

图 3 图 4

packages	2019/11/16 21:07	文件夹	
products	2019/11/16 21:07	文件夹	
resources	2019/11/16 21:07	文件夹	
安装教程	2019/11/16 21:09	文本文档	1 KB
amtemu.v0.9.2-painter	2016/11/4 16:00	应用程序	2,448 KB
Set-up	2017/10/18 0:00	应用程序	3,779 KB

图 5

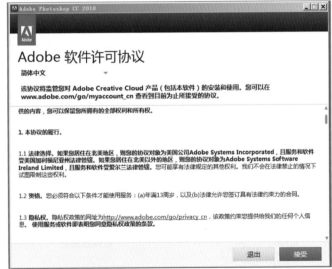

图 6 图 7

图 8

目　　录

第 1 篇　基础篇

第 1 章　Photoshop 快速入门

　　通过本章的学习,读者可以了解 Photoshop 的基本操作,掌握基本的界面应用技能,掌握选区的创建及基本操作,为后续的课程奠定界面应用操作基础。

1.1　Photoshop 软件基本操作

1.1.1　打开软件及文件

1.1.1.1　打开软件
　　①双击桌面上的 PS 图标即可打开软件。
　　②右键单击桌面上的 PS 图标,选择"打开"或"以管理员身份运行"(如图 1-1 所示)。

1.1.1.2　打开文件
　　①直接将要打开的图片文件拖曳到桌面的 PS 图标上(如图 1-2 所示)。

图 1-1

图 1-2

　　②打开软件之后,在界面左上角的"文件"菜单栏中选择"打开"(如图 1-3 所示)。
　　③打开软件之后,选择界面左侧面板中的"打开"(如图 1-4 所示)。

图 1-3

图 1-4

1.1.2　新建文件

打开软件之后,在界面左上角的"文件"菜单栏中选择"新建",或直接选择左侧面板中的"新建"(如图 1-5 所示),出现"创建文档"面板(如图 1-6 所示)。面板上方有一排菜单栏("已保存""照片""打印""图稿和插图""Web""移动设备""胶片和视频"),具体内容如图 1-7 所示。此面板中已经设定好一些经常使用的图纸尺寸,用户可以根据需要选择相应的图纸。

图 1-5

图 1-6

照片	打印	图稿和插图	Web	移动设备	胶片和视频

图 1-7

图纸的预设信息包括以下内容。

①宽度及高度：可以输入要制作的图纸的尺寸。在"宽度"右侧的尺寸下拉菜单中可以选择图纸的尺寸单位（如图 1-8 中的红色方框所示），可供选择的单位包含像素、英寸、厘米、毫米、点、派卡等。

· **像素**：一个由数字序列表示的图像中的最小单位，英文缩写为 px。

· **英寸**：长度单位，英文缩写为 in。1 英寸 =2.54 厘米，12 英寸 = 1 英尺，36 英寸 = 1 码。

· **厘米**：长度单位，英文缩写为 cm。1 厘米 =10 毫米 =10 000 微米 =10 000 000 纳米 =0.1 分米 =0.01 米 =0.000 01 千米。

· **毫米**：长度单位，英文缩写为 mm。10 毫米 = 1 厘米，100 毫米 = 1 分米，1 000 毫米 = 1 米。

· **点**：显示器的像素点的尺寸，单位为 mm。

· **派卡**：印刷行业使用的长度单位。1 派卡 =1/6 英寸 =12 点。

②纸张方向：分为竖向或横向，勾选"画板"，可以建立多个画板。在勾选"画板"之后，点击"创建"，可以创建一张带有画板的图纸（如图 1-9 所示）。同时，可以在移动工具 上右键切换至画板工具 ，创建多个画板（如图 1-10 所示）。

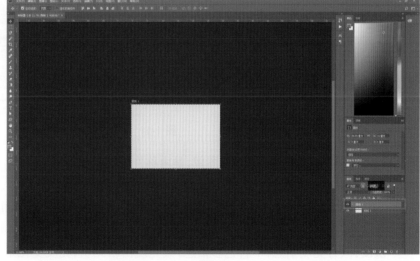

图 1-8 图 1-9

③分辨率：像素是画面中最小的点（单位色块），一般选择 72~300 像素/英寸（如图 1-8 中的蓝色方框所示）。像素越高，图片越清晰；像素越低，图片越模糊（如图 1-11 所示）。

④颜色模式：由位图、灰度、RGB 颜色（红、绿、蓝）、CMYK 颜色（青、洋红、黄、黑）、Lab 颜色组成（如图 1-8 中的绿色方框所示）。

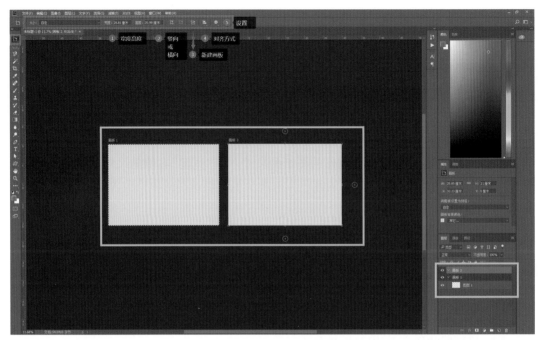

图 1-10

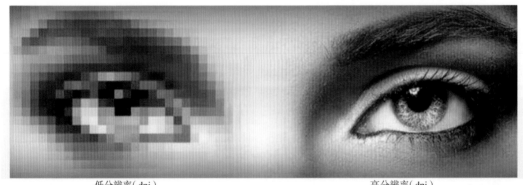

低分辨率（dpi）　　　　　　　　　　　　　　　　高分辨率（dpi）
72 像素 / 英寸　　　　　　　　　　　　　　　　300 像素 / 英寸

图 1-11

·**位图**：亦称为点阵图像或绘制图像，是由称作像素的单个点组成的。根据默认情况，8位通道中包含 256 个色阶，如果增到 16 位通道，色阶数量为 65 536 个，这样能得到更多的色彩细节。Photoshop 可以识别 16 位通道的图像，但对这种图像的限制很多，所有滤镜都不能使用，另外 16 位通道模式的图像不能被印刷。

·**灰度**：只含亮度信息，不含色彩信息，其亮度由暗到明，亮度变化是连续的。图片只由黑、白、灰三色组成（如图 1-12 所示）。

·**RGB 颜色**：目前的显示器大多采用的是 RGB 颜色标准，显示器驱动电子枪发射电子，分别激发红、绿、蓝三色的荧光粉，发出不同亮度的光线，相加混合产生各种颜色，目前的电脑一般都能显示 32 位颜色，有 1 000 万种以上的颜色（如图 1-13 所示）。

· **CMYK 颜色**：印刷四色模式是彩色印刷时采用的一种套色模式,利用色料的三原色混色原理,加上黑色油墨,共计四种颜色混合叠加,形成所谓的"全彩印刷"(如图 1-14 所示)。

· **Lab 颜色**：这是由国际照明委员会(CIE)于 1976 年公布的一种色彩模式。其是由 CIE 组织确定的,包括了人眼可见的所有颜色的色彩模式。

⑤背景内容：在新建图层时就可以选择背景色,在选项中点击"背景内容",可选择白色、背景色、透明,还可以选择其他自定义颜色(如图 1-8 中的粉色方框所示)。

⑥高级选项：其下的第一个设置就是"颜色配置文件",这也是针对印刷设置的一个选项(如图 1-15 所示)。第二个设置为"像素长宽比",比如 1∶2 即长为 1 个像素、宽为 2 个像素,这就是长方形,如果固定这个比例则只能画出这个比例的矩形图纸。如果这个比例固定为 1∶1 就只能画出正方形图纸,照此类推。

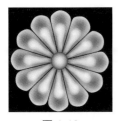
图 1-12

图 1-13

图 1-14

图 1-15

1.1.3　界面介绍

当新建或打开任意一个文档或素材文件后,就会进入工作界面。在工作界面中,会出现如下 9 个工作模块(如图 1-16 所示)。

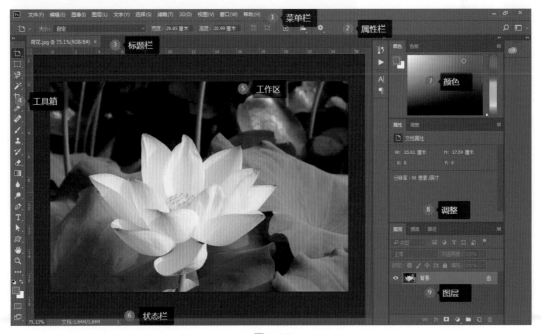
图 1-16

①菜单栏:位于界面最上面的一行,包含"文件""编辑""图像""图层""文字""选择""滤镜"等 11 项内容。

②属性栏:位于第二行,在菜单栏下面,随选择的工具变化而显示不同的内容。

③标题栏:当打开图片或者新建一个文件时,标题栏中从左到右会显示出文档名称、文件格式、窗口缩放比例、颜色模式等信息。

④工具箱:默认位于界面的左侧,也可以根据使用习惯调整到界面的右侧。工具箱中包含了 Photoshop 的所有工具。

⑤工作区:界面的主要部分,是操作的界面。

⑥状态栏:位于页面的最下方,用于显示工作区的参数。

⑦颜色:用于调整图片所要填充的各种颜色。

⑧调整:用于调整图片的参数。

⑨图层:用于显示图层数量以及图层状态。

1.1.4　存储文件

当图像完成绘制后,即可进行保存。可以在"文件"菜单栏中点击"存储"(快捷键:Ctrl+S),也可以选择"存储为"(快捷键:Shift+Ctrl+S)(如图 1-17 所示)。选择"存储"后会出现"文件名"及"保存类型"(如图 1-18 所示),点击"保存类型",会出现常用格式(如图1-19 所示)。

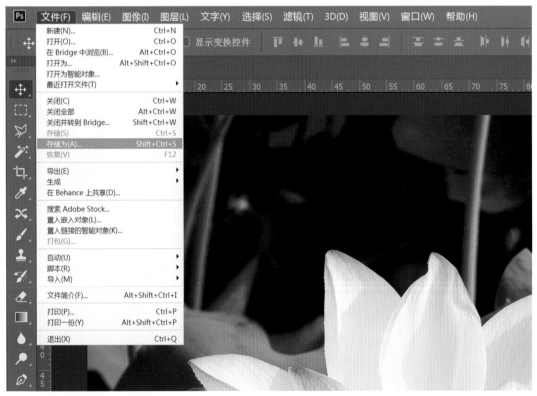

图 1-17

图 1-18

·**JPEG 格式**：这是常规的图片保存格式。JPEG 格式的图像一般用于图像预览。此格式的最大特点就是文件比较小，为目前所有格式中压缩率最高的格式。但是 JPEG 格式在压缩保存时会以失真方式丢掉一些数据，所以保存后的图像与原图有所差别，质量不如原图像。印刷用的图像文件最好不要使用这种格式存储。

·**PNG 格式**：该格式的优点是不会自动填充背景，而 JPEG 格式在另存时会默认填充白色背景。

·**PSD 格式**：此格式会保存图片修改的图层，方便再次编辑。用 PS 制作好的图片的保存格式最好使用 PSD 格式，如需修改图片细节，可直接打开此格式的文件，在具体图层中进行修改。

·**BMP 格式**：BMP 格式为兼容 DOS 系统和 Windows 系统的标准 Windows 图像格式，主要用来存储位图文件。BMP 格式可以处理 24 位颜色的图像，支持 RGB 模式、位图模式、灰度模式以及索引模式，但不能保存 Alpha 通道。它的文件尺寸较大。

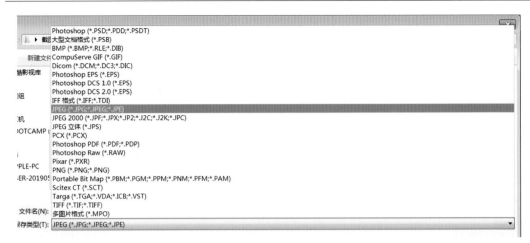

图 1-19

·**GIF 格式**：GIF 格式是基于在网络上传输图像而创建的文件格式。它支持透明背景和动画，被广泛应用于因特网的 HTML 网页文档中。GIF 格式的压缩效果较好，但是只支持 8 位的图像文件。

·**PSB 格式**：当文件的总内存超过 2 GB 时，则不能保存为 PSD 格式，需要保存为 PSB 格式。PSB 格式可以支持最高达 300 000 像素的超大图像文件，可以保持图像中的通道、图层样式以及滤镜效果不变。PSB 格式的文件只能在 PS 中打开。

·**RAW 格式**：RAW 格式支持具有 Alpha 通道的 CMYK、RGB 和灰度模式，以及无 Alpha 通道的多通道模式、索引模式、Lab 模式和双色调模式。

·**PDF 格式**：PDF 格式是主要用于网上出版的文件格式，可包含矢量图形、位图图像和多页信息，并支持超链接。由于具有良好的信息保存功能和传输能力，PDF 格式已成为用于网络传输的重要文件格式。

·**EPS 格式**：EPS 格式是为了在打印机上输出图像而开发的文件格式，几乎所有的图形、图表和页面排版程序均支持该格式。EPS 格式可以同时包含矢量图形和位图图像，支持 RGB、CMYK、位图、双色调、灰度、索引以及 Lab 模式，但是不支持 Alpha 通道。它的最大优点是可以在排版软件中以低分辨率预览图片，而在打印时以高分辨率输出图片，即可兼顾工作效率和图像输出质量两方面。

·**TIFF 格式**：TIFF 格式可在许多图像软件和平台之间转换，是一种灵活的位图图像格式。TIFF 格式支持 RGB、CMYK、Lab、位图、索引和灰度模式，并且在 RGB、CMYK 和灰度模式中还支持使用通道、图层以及路径功能。

1.1.5　关闭文件

当存储完需要保存的文件之后，就可以点击屏幕右上角的"×" ✕ 关闭文件，也可以点击最小化键，将 PS 界面放置在桌面的任务栏里。

1.2　选区的创建及基本操作

1.2.1　标尺与网格工具

在绘制一些标准图形的时候,需要使用一些辅助工具,例如"标尺"(快捷键:Ctrl+R)、"网格"(快捷键:Ctrl+')。

①标尺:在"视图"中点击"标尺",在工具区的上边界以及左边界就会出现标尺(如图1-20所示)。

图 1-20

②网格:在"视图"中点击"显示网格",在显示的网格里可以很规范地做出具有标准尺寸的图形(如图1-21、图1-22所示)。

③编辑网格:在"编辑"中选择"首选项",点击"参考线、网格和切片"可以设置网格属性(如图1-23所示)。参考线与网格的颜色可以进行修改,网格线间隔用于调整格子的间距,子网格指的是更细的参考线(如图1-24所示)。在"视图"中找到"对齐"命令,取消打钩,可以取消网格的自动对齐功能(如图1-25所示),但是参考线和其他辅助定位的功能有效。

图 1-21

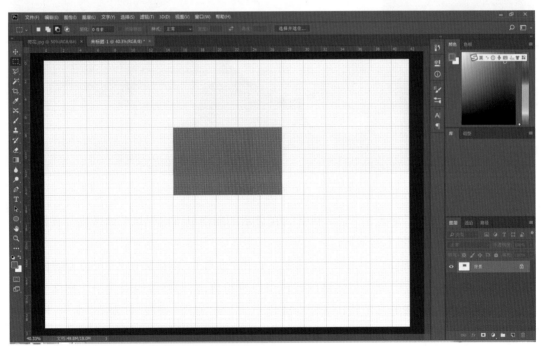

图 1-22

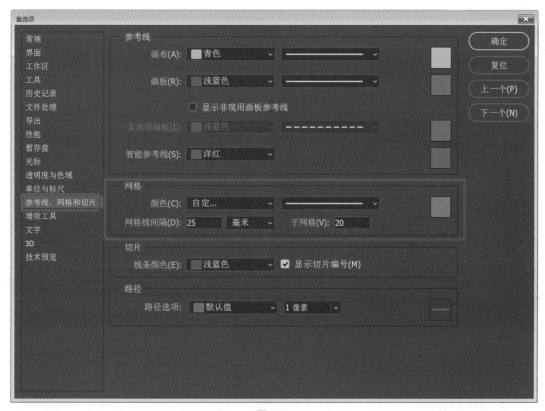

图 1-23

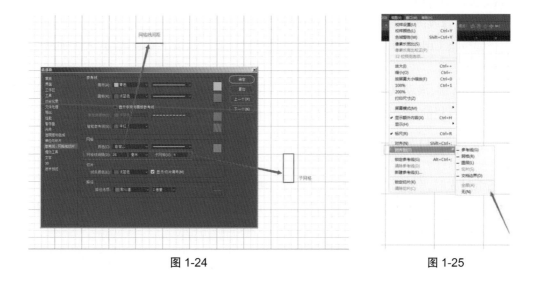

图 1-24　　　　　　　　　　　　　　　　　图 1-25

1.2.2　参考线

参考线可以帮助对齐形状、切片和选区。

①在已经激活标尺的情况下，按住鼠标左键拖曳标尺即可得到参考线（如图 1-26 所

示),且在移动命令激活的情况下,将光标放在参考线上,按住鼠标左键拖动,可以移动参考线。

②选择"视图"下拉菜单中的"新建参考线",在弹出的对话框中,可选择水平或垂直方向的参考线(位置是相对于画布边缘的)(如图 1-27 所示)。

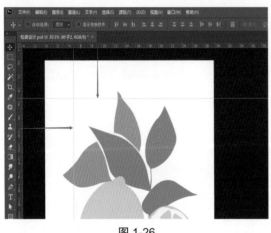

图 1-26　　　　　　　　　　　　　　　　　图 1-27

此处有视频"1-1 标尺网格参考线"。

1.2.3　缩放画面

当想更细致地绘制图形或修改图片时,需要将图纸放大(只是在显示器中显示出放大的效果,并没有修改图纸的尺寸)。

①一起按下 Ctrl 键与"-"(减号),可以使画面缩小;一起按下 Ctrl 键与"+"(加号),可以使画面放大。

②按住 Alt 键,滚动鼠标滑轮,此时画面会以鼠标为中心进行放大或缩小。

③点击工具栏的放大镜工具, 到图纸中按住鼠标左键拖曳可进行放大或缩小。

1.2.4　平移工具

当图纸过大时,有时不能将画纸的全貌显示出来,所以需要平移图纸进行绘图。

①点选工具栏中的平移工具（快捷键:H),在画面中按住鼠标左键可直接拖曳图纸。

②在画面中,长时间按住空格键,点击鼠标左键可拖动图纸。

③当画面被放大之后,在工作区的右边及下边会出现滚动轮,可以拖曳滚动轮来达到平移的目的(如图 1-28 所示)。

此处有视频"1-2 缩放与平移画面"。

图 1-28

1.2.5　图层的基本操作

Photoshop 图层如同堆叠在一起的透明纸,可以透过图层的透明区域看到下面的图层。图层的基本操作主要包括:新建图层、选择图层、移动图层、复制图层、选中多个图层、删除图层。

①**新建图层**:如图 1-29 中①所示,点击一次,即可获得一个透明的新建图层。

②**选择图层**:如图 1-29 中②所示,在新建的图层上点击一次即可选中图层。

③**移动图层**:按住鼠标左键可将选中的图层拖曳到任意图层的上面或下面。但是如果希望将图层拖曳到背景图层的下面,则需要将背景图层解锁(如图 1-30 所示)。

④**复制图层**:将想要复制的图层选中,拖曳到新建图层的命令上之后松手,即可得到图层副本。

⑤**选中多个图层**:在图层面板中点击一个图层,按住 Ctrl 键依次点选其他图层,即可同时选中多个图层;若在图层面板中点击一个图层,按住 Shift 键,再点选不相邻的一个图层,则两个图层之间的所有图层将会被选中。

⑥**删除图层**:将希望删除的图层拖曳到垃圾箱中,即可删除该图层(如图 1-29 中③所示)。

此处有视频"1-3 图层的基本操作"。

图 1-29   图 1-30

1.2.6　选框工具与填色的基本操作

选框工具分为矩形选框工具、椭圆选框工具、单行选框工具、单列选框工具。当选择任意一个选框工具后，在画面中框选一部分，工作区中就会根据命令出现一个由蚂蚁线包围的选区，这个选区即为可以修改或移动的区域（如图 1-31 所示）。

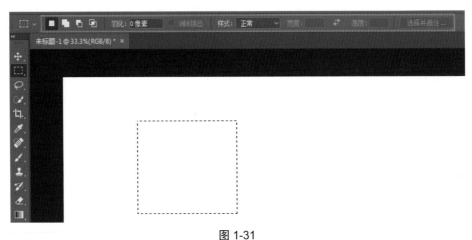

图 1-31

①矩形选框工具（快捷键：M）：用来绘制矩形。

·创建新选区：点击矩形选框工具，再点击属性栏的新选区，则可创建一个全新的选区。

·添加到选区：在已经创建了一个选区的情况下，此命令可以添加其他选区。

·**从选区减去** ：在已经创建了一个选区的情况下，此命令可以在选区内减去其他选区。

·**与选区交叉** ：在已经创建了一个选区的情况下，当第二个选区与第一个选区有交叉时，则选取交叉的部分作为选区。

·**羽化** ：令选区内外衔接部分虚化，让边缘不那么整齐（如图 1-32 所示，左侧矩形的羽化值为 0，右侧矩形的羽化值为 50 像素）。

图 1-32

·**样式：**样式的选择如图 1-33 所示。"正常"样式下可以自由地框选形状；"固定比例"样式可以固定选区的长宽比，例如 1：2、1：3 等；"固定大小"样式可以绘制规整的、有尺寸的图形，尺寸的单位是像素。在作图时按住 Shift 键可以获得正方形。

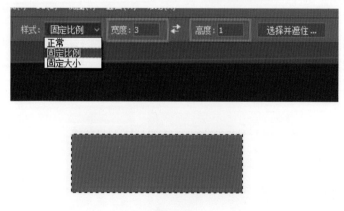

图 1-33

②**椭圆选框工具** ：用来绘制椭圆以及正圆。在绘制时，按住 Shift 键，则会绘制正圆；按住 Alt 键，则所绘制的圆的圆心为鼠标中心。

·**消除锯齿：**勾选"消除锯齿"，则会让选区的边缘变平滑（如图 1-34 所示，左边为消除锯齿之后的弧线）。

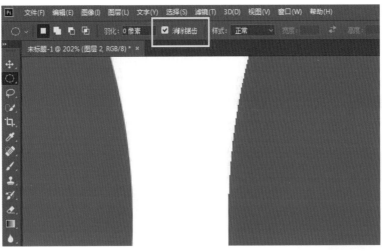

图 1-34

③单行选框工具 ▥ 、单列选框工具 ▥ ：单行选区是横的，单列选区是竖的，可以做出分割图片的直线或对选区分格。

·填充颜色：设置完选区后，可根据需要填充颜色（如图 1-35 所示）。图 1-35 中①为前景色（黑色）以及背景色（白色），前景色和背景色可交互使用；点击前景色，会出现拾色器。在颜色里进行颜色的选择会出现原来的色彩（黑色）以及新选的色彩（红色）。可以在颜色库里进行颜色的选择，也可以手动输入 RGB 的颜色值选择颜色。确定颜色之后，点击"确定"即可实现颜色的填充。填充前景色的快捷键是 Alt+Backspace，填充背景色的快捷键是 Ctrl+Backspace。

图 1-35

此处有视频"1-4 选框工具与填充"。

1.2.7　选择命令

在绘制图形之后如果要对图形进行修改,则需要选择所绘制的图形。

①套索工具 [图标] (快捷键:**Shift+L**):类似画笔,按住鼠标左键围绕绘制的内容画一个圈,被圈入圈里的部分即可被选择。

②多边形套索工具 [图标] (切换快捷键:**Shift+L**):类似套索命令,是由多个点组成的一个闭合的选区,需要围绕绘制的内容用鼠标单击多个点,进而可选中被多边形框住的部分。

③磁性套索工具 [图标] (切换快捷键:**Shift+L**):磁性套索工具的使用方法是按住鼠标左键在图像中不同对比度区域的交界附近拖拉, PS 会自动将选取边界吸附到交界上,当鼠标回到起点时,磁性套索工具的小图标右下角就会出现一个小圆圈,这时松开鼠标就会形成一个封闭的选区。使用磁性套索工具,可以轻松地选取具有相同对比度的图像区域。

•**删除控制点**:套索、多边形套索、磁性套索工具的属性栏的使用与选框工具相同,使用多边形套索、磁性套索时如果需要撤销上一个或自动生成的点,可以按 Delete 键,一次删除一个。

使用磁性套索工具时,属性栏中有几个参数需要进行设置,这几个参数会对工具的选取有一定的影响。

[属性栏图像:羽化:1 像素　消除锯齿　宽度:10 像素　对比度:10%　频率:100　选择并遮住...]

•**宽度**:数值框中可输入 0~40 的数值,对于某一给定的数值,磁性套索工具将以当前鼠标所处的点为中心,以此数值为宽度范围,在此范围内寻找对比强烈的边界点作为选界点。

•**对比度**:它控制了磁性套索工具选取图像时边缘的反差。可以输入 0%~100% 的数值,输入的数值越高则磁性套索工具对图像边缘的反差越大,选取的范围也就越准确。

•**频率**:它对磁性套索工具在定义选区边界时插入的定位锚点的数量起着决定性作用。可以在 0~100 选择任一数值输入,数值越高则插入的定位锚点就越多,反之定位锚点就越少。

•**在作图中切换套索命令**:当发现套索偏离了轮廓(图像边缘)时,可以按 Delete 键删除最后一个锚点,并单击鼠标左键,手动产生一个锚点固定浮动的套索,或按下键盘上的 Alt 键切换为多边形套索手动选取图形。

④快速选择工具 [图标] (快捷键:**W**):属性栏中有新选区、加选区、减选区 [图标]。勾选对所有图层选样 [对所有图层取样],无论当时在哪一个图层上执行命令,均可以对所有图层进行快速选择。

1.2.8　移动命令

移动工具(快捷键:V),是运用 PS 作图时使用最频繁的工具,可以帮助移动选区、路径及图形。利用图层工具进行选择,只要将所画的不同图形绘制在不同的图层上,就可以直接对图层进行选择,选择后配合移动命令,就可以在画面中自由移动。

[属性栏图像:自动选择:图层　显示变换控件　... 3D模式...]

· **工具预设**：小三角下拉 ⊞口 会弹出工具预设，打开工具预设选区器，此部分内容主要预设工具中属性栏设置的参数，可以对新建、复位、载入、存储、替换工具进行预设。

· **自动选择**：当拥有很多图层时，点选自动选择 ☑ 自动选择：，在画面中可以马上选择到想要的图形，并且自动激活图形所在的图层。

· **显示变换控件**：在选项栏上勾选显示变换控件 ☑ 显示变换控件，图层内容的周围会显示定界框，拖动控制点可以对图层对象进行简单的变换操作，如缩放、旋转等（如图 1-36 所示）。

图 1-36

· **对齐**：对齐的功能包括顶对齐 ⊤、水平居中对齐 ⊕、底对齐 ⊥、左对齐 ⊢、垂直居中对齐 ⬚、右对齐 ⊣ 等多种对齐方式（如图 1-37 所示，将原本没有对齐的小树顶部对齐）。

· **分布**：分布的意思就是将图层对象等距离排列。分布方式包括按顶分布 ⬚、垂直居中分布 ⬚、按底分布 ⬚、按左分布 ⬚、水平居中分布 ⬚、按右分布 ⬚。需要注意的是，分布命令需要选中 3 个以上的对象才能激活（如图 1-38 所示，将原本没有平均分布的小树按照水平居中分布，①②③距离相同）。

图 1-37　　　　　　　　　　　　　　图 1-38

· **自动对齐图层**：将希望对齐的图层选中，可进行对齐分布。但要注意选择相似度高于 40% 的图层进行对齐。

· **自动**：对图像自动确定最佳投影以及自动对齐。

·**透视**:用透视方法进行对齐。

·**拼贴**:允许图像旋转,不正的地方可以旋转或平移。

·**圆柱**:只允许圆柱体变形。

·**球面**:只允许球面变形。

·**调整位置**:图像的平移调整。

·**镜头矫正**:对晕影去除和曝光度的补偿,如果片子有色差就勾选。

·**几何扭曲**:补偿几何图形失真,纠正透视关系。

1.2.9　后退命令

后退命令可以帮助退回到之前的作图步骤。不同版本软件默认的退回次数不同,可以通过编辑菜单栏、首选项、性能,调整历史记录状态来调整退回次数(如图 1-39 所示)。

①**后退一步**:Ctrl+ Z,这个快捷键可撤销最近的一步操作。

②**后退多步**:Ctrl+Alt+Z。

③**历史记录**:打开窗口菜单栏,调出历史记录面板,点选记录即可回到想要的步骤。

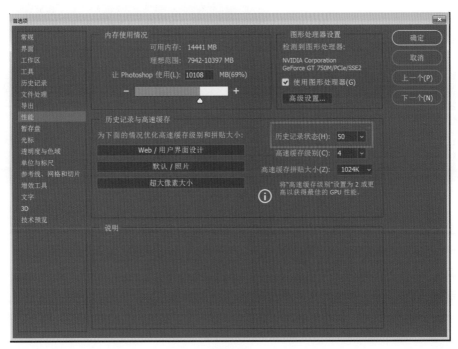

图 1-39

此处有视频"1-5 后退命令"。

1.2.10　复制命令

在 PS 中能够轻松地实现复制图像的操作。

①**快捷键 Ctrl+C 与 Ctrl+V**:使用选择工具选中需要拷贝的图像,使用拷贝命令(快捷

键：Ctrl+C），打开要粘贴对象的目标文件，使用粘贴命令（快捷键：Ctrl+V），就可完成复制操作，然后适当移动对象到合适的位置上。

② **Alt 键**：按住 Alt 键，直接拖动素材即可完成复制命令。

③ **复制图层**：将图像所在的图层进行复制也可完成复制命令。

此处有视频"1-6 复制命令"。

1.2.11　调整图像命令

当图像的尺寸、方向及大小无法满足要求时，就需要进行调整。可使用图像大小命令，调整图像的像素大小、打印尺寸和分辨率。

①打开一张图片素材，选择"图像"→"图像大小"，弹出"图像大小"对话框（如图 1-40 所示）。

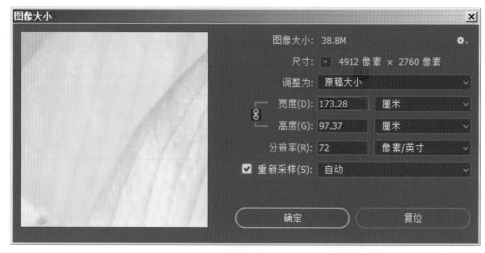

图 1-40

· **图像大小**：显示图像的内存大小。

· **尺寸**：显示图像当前的像素尺寸。

· **调整为**：在下拉列表中可以选择多种常用的预设图像大小。

· **宽度、高度**：可以直接在文本框中输入相应的数值，以更改图像的尺寸。输入数值之前，需要在右侧的单位下拉列表中选择合适的单位，包括百分比、像素、英寸、厘米、毫米、点、派卡、列。

· **分辨率**：用户可以在分辨率右侧的文本框中直接输入相应的数值，以更改图像的分辨率。

· **重新采样**：重新采样是计算机执行某种算法后重新生成像素，也就是修改图像像素大小的过程，根据需求可以选择不同的插值方法。如果未勾选，尺寸栏的像素不会发生变化，图像上像素的总量被锁定，此时只能修改物理尺寸，不能调整像素值。

②自由变换（快捷键：Ctrl+T）：选择"编辑"→"自由变换"。除放大、缩小外，需要在被

选中的图形上单击鼠标右键,执行相关命令。

·**缩放**:放大和缩小选区。同时按 Shift 键,则以固定长宽比缩放。

·**旋转**:可自由旋转选区,同时按 Shift 键,则为 15 度递增或递减。

·**斜切**:在四角的手柄上拖动,将这个角点沿水平和垂直方向移动。将光标移到四边的中间手柄上,可将这个选区倾斜。

·**扭曲**:可任意拉伸四个角点进行自由变形,但框线的区域不得为凹入形状。

·**透视**:拖动角点时框线会形成对称梯形(按住 Ctrl+Shift+Alt 键可达到同样的效果)。
自由变换相关技巧如下。

·Shift+缩放可约束长宽比。

·Alt+缩放可自中心变换。

·Ctrl+Shift+拖动角点可斜切。

·Ctrl+拖动角点可扭曲。

·Ctrl+Alt+拖动角点可对称地扭曲。

·Ctrl+Shift+Alt+拖动角点可透视。

·右击变换的选区可水平翻转、垂直翻转。

·Ctrl+Shift+T为再次执行上次的变换。

·Ctrl+Alt+Shift+T为复制原图后再执行变换。

1.2.12　拖曳素材

可以将自己制作、绘制、拍摄的一些照片或素材加载到 PS 中。

①**打开素材**:选择 "文件" → "打开",在打开的对话框中,选择要被打开的素材。

②**在打开的文件中拖曳素材文件**:在素材文件夹中点选素材,直接拖曳到 PS 页面中。
此处有视频 "1-7 拖曳素材"。

1.2.13　吸管工具

可以帮助吸取素材中的颜色,使绘制的色彩与素材中的色彩保持一致(快捷键:Shift+I)。

①**吸管工具**:拖曳一张素材到 PS 中,点击吸管工具,勾选属性栏的 "显示取样环" ，然后点击想要取样的位置,在右侧的颜色色板中可以看到色值,按住鼠标进行取样,能看到取样环,移动鼠标,取样环会根据取样的点改变颜色,取样会用在前景色中。背景色取样,需要按住 Alt 键,然后再点击图像取样,右侧色板中同样可以看到色值。

②**颜色取样器工具**:如果提取多种颜色就需要用到颜色取样器工具,按快捷键 Shift+I,就会切换到颜色取样器工具。在画面上点取,可以在被点取的地方看到标记,旁边会出现相关的颜色信息(如图 1-41 所示)。如果想删除其中一个,则需点右键选择删除。如果想要移动选区点,则需要配合 Ctrl 键使用。如果不想以 RGB 形式显示,可以点击信息下的取样器图标，右键选择其他的颜色形式。通过选取的颜色的 RGB 数值,可对画面的颜

色平衡进行分析。

图 1-41

③ **3D 材质吸管工具** :此吸管工具不吸取颜色,用于吸取 3D 效果中的材质样式。

④**标尺工具** :按快捷键 Shift+I,可切换到标尺工具。选中标尺工具后,鼠标变为尺子的形状,可以在图片上任意两点之间绘制一个标尺。绘制完成后,顶部的信息面板中会显示关于当前绘制的标尺的信息。

⑤**注释工具** :按快捷键 Shift+I,也可切换到注释工具。在需要添加注释的地方点击鼠标左键就会出现添加注释的内容框,可以填写需要注释的内容;如果需要再次添加其他注释,在输入完第一个注释的内容后在第二个想要添加注释的地方点击鼠标左键即可。

⑥**计数工具** : PS 中的计数工具用于标识数字,当需要数出画面中到底有多少自己绘制的内容时,即可点选此命令。每点击一次鼠标,其数字会自动增加,这是计数工具的一个功能,在属性栏中可以看到标记的数量(红框)。可以创建多个计数组(绿框),计数组会在上方的工具栏中显示。属性栏中还有一个清除按钮(黄框),如果不需要这组标记,点击状态栏的清除即可,图片上的这组计数就会消失不见。

此处有视频"1-8 吸管工具"。

案例:LOGO 的绘制(如图 1-42 所示)。

①新建一张尺寸为 A4、横向、分辨率为 300 dpi 的图纸。拽出参考线(标记出正方形区域)(如图 1-43 所示),标记出此 LOGO 所在的区间,或利用网格进行绘制。

图 1-42

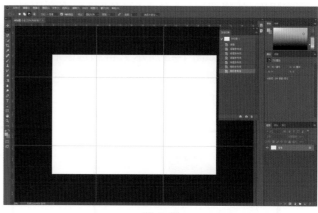

图 1-43

②新建图层（命名为"最底层白色圆"），运用椭圆选框工具 绘制一个正圆选区（按住 Shift 键绘制可得到正圆选区）（如图 1-44 所示），使用白色填充（前景色填充 ，Alt+Backspace，填充前景色之前先将前景色选择为白色，然后再填充前景色），使用快捷键 Ctrl+D 关闭选区（如图 1-45 所示）。

③新建图层（命名为"黄色圆"），利用椭圆选框工具拖曳出一个与白色圆形一样的圆形选区，选择选区中的"选区交叉"命令 ，在第一个圆形选区的左上角拖曳另外一个正圆（如图 1-46 所示），绘制时按住鼠标左键不动，同时按住 Shift 键绘制正圆、按住 Alt 键从圆心开始绘制、按住空格键移动此圆，得到选区后，选择前景色填充（快捷键：Alt+Backspace）或背景色填充（快捷键：Ctrl+Backspace），填充为黄色，使用快捷键 Ctrl+D 关闭选区得到黄色图形（如图 1-47 所示）。

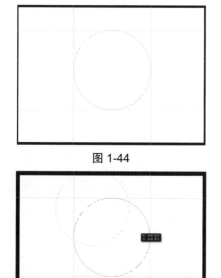

图 1-44

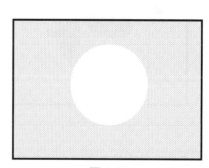

图 1-45

图 1-46

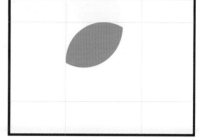

图 1-47

④同理，新建图层（命名为"绿色圆"），再利用椭圆选框工具拖曳出一个与白色圆形一样的圆形选区，选择选区中的"选区交叉"命令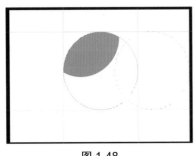，在刚刚绘制的圆形选区的右侧拖曳另外一个正圆（如图 1-48 所示），得到选区后，选择前景色填充（快捷键：Alt+Backspace）或背景色填充（快捷键：Ctrl+Backspace），填充为绿色，使用快捷键 Ctrl+D 关闭选区得到绿色图形（如图 1-49 所示）。

图 1-48　　　　　　　　图 1-49

⑤新建一个图层（命名为"蓝色圆"），再次利用椭圆选框工具拖曳出一个与白色圆形一样的圆形选区，选择选区中的"从选区中减去"命令，进行三次圆的减法（如图 1-50 至图 1-52 所示），得到选区后，选择前景色填充（快捷键：Alt+Backspace）或背景色填充（快捷键：Ctrl+Backspace），填充为蓝色，使用快捷键 Ctrl+D 关闭选区得到蓝色图形。图层显示如图 1-53 所示。

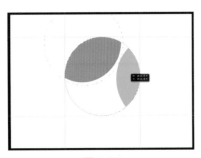 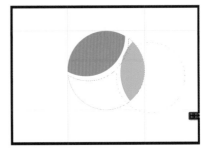

图 1-50　　　　　　　　图 1-51

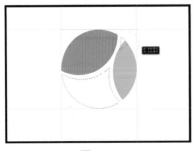 

图 1-52　　　　　　　　图 1-53

第 2 章　绘图与编辑工具

通过本章的学习,读者可以掌握绘图和编辑工具的操作与运用,并且能够熟练完成图形的基本绘制,掌握图像的基本修图与处理方法。

2.1　基本绘图命令

2.1.1　矩形、圆角矩形、椭圆、多边形、直线、自定义形状工具

矩形工具以及矩形工具下拉菜单中的圆角矩形、椭圆、多边形、直线、自定义形状工具可以帮助绘制很多快捷且方便的图形。但是它与矩形选区工具的不同在于它不是选区,而是由形状、路径、像素构成的(如图 2-1 所示)。

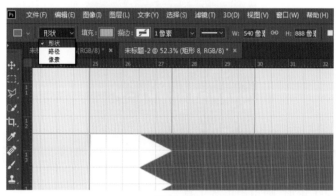

图 2-1

①**矩形工具(快捷键: Shift+U)**:在矩形工具栏中点击矩形工具右侧的倒箭头 ，在弹出的框中选择形状,可根据需要选择合适的工具模式。

·**设置填充类型**:点击填充选项 ，出现下拉界面， 为不填充； 为纯色填充,可进行选择； 为渐变填充； 为图案填充； 可以新建、载入、存储相关命令等。

·**描边**:在矩形工具上方属性栏中点击描边,在弹出的框中选择描边类型,再根据描边类型选择合适的描边颜色等。 为描边的宽度； 下拉可以选择描边样式； 指绘制的矩形的宽和高； 可以做图形的加减法等； 可以实现图形的对齐； 可以排列图形的顺序； 为路径选项,包含粗细、颜色、固定大小、比例等内容； 勾选后,绘制很近的图形时会将边缘进行对齐。

②**圆角矩形工具** :矩形周围带圆角 ,设置参数同矩形工具, 在属性栏有

调整圆角半径的数值,可根据需要进行调整。

　　③**椭圆工具** ⬤**:**用法同矩形工具,按住 Shift 键即可绘制正圆。

　　④**多边形工具** ⬤**:**可以选择边数 边:5 ,可以在设置 ⚙ 里,勾选星形,绘制星形 ★ ;也可以勾选平滑圆角,绘制具有平滑圆角的星形 ⭐ 。

　　⑤**直线工具** ╱**:**可以绘制直线。

　　⑥**自定义形状工具** 🌼**:**点击属性栏中的形状,选择加载,可以获得很多已经被定义好的图形(如图 2-2 所示)。

图 2-2

　　此处有视频"2-1 矩形、圆角矩形等工具"。

2.1.2　渐变工具

　　渐变工具可以让画纸或选择的区域、图形实现色彩上的不同形式的渐变。

　　①**渐变工具** ▢**(快捷键: Shift+G):**点选渐变后,属性栏会出现 ▭ ,当前界面中的前景色和背景色分别是白色和红色 ▣ ,可以调整前景色及背景色改变渐变预设栏中的色彩。渐变样式分为线性渐变 ▣ 、径向渐变 ▣ 、角度渐变 ▣ 、对称渐变 ▣ 、菱形渐变 ▣ 。渐变的模式 模式: 正常 可以自由选择,即渐变可以为原本绘制的图形叠加一种附加模式,让图形的效果更佳。渐变可以设置不透明度 不透明度: 100% 。 勾选"反向" ☑反向 则拖曳出的渐变色彩是相反的。"仿色 ☑仿色 会使得做出的渐变效果与原图的融合性更好。

　　·线性渐变 ▣**:**用鼠标在图层上拉动后得到一种以开始的颜色为起点,以终点的颜色为终点,向起点和终点两端发散的颜色渐变。

•**径向渐变** ：用鼠标在图层上拉动后得到一种以起点颜色为中心，以终点颜色为边界的一种颜色过渡到另一种颜色甚至更多颜色的圆形渐变。

•**角度渐变**：同径向渐变，以起点颜色为起点，以终点颜色为终点，按顺时针方向从起点颜色过渡到终点颜色的扇形渐变。

•**对称渐变**：用鼠标在图层上拉动后得到一种对称的颜色渐变，图层渐变方式是在线性渐变上增加了对称。

•**菱形渐变**：渐变效果类似径向渐变，径向渐变是从内向外以圆形发散渐变，而菱形渐变是从内向外以方形发散渐变。

•**渐变编辑器**：单击属性栏渐变色条，会出现渐变编辑器（如图 2-3 所示）。有很多预先被设定的渐变效果可以使用。左上角第二个是白色完全不透明到白色完全透明的渐变。在渐变编辑器的色条中，上面的两个红框区域用于透明（白色）、完全不透明（黑色）、灰色（按百分比显示透明度）的调整。分别点击两个黄色框，可调整渐变颜色。可以在色条上增加透明度（A 点位置）或色条下增加颜色控制点（B 点位置），也可以载入渐变、存储想要保留的渐变或删除控制点。

图 2-3

②**油漆桶**（ **切换快捷键：Shift+G** ）：调整前景色的色彩，在想要填涂颜色的选区或画面中双击，即可实现整块色彩的填充。

③ **3D 材质拖放工具**（ **切换快捷键：Shift+G** ）：当做好一个 3D 模型后，选择此工具，激活工具后可在左上角的属性栏内选择不同的材质，再点击模型的各个面，即可将材质附加到 3D 模型不同的面上。在此命令中，可以调节折射、凹凸、反射、不透明度等命令，效果类似于 3ds Max 软件中的贴图命令。

此处有视频"2-2 渐变工具"。

案例：iPad 制作（如图 **2-4** 所示）。

①创建 A3 尺寸的图纸，横向，RGB 颜色、分辨率为 300 dpi。

②使用圆角矩形工具创建图形，填充颜色为浅灰色。灰色描边为 20 像素（尺寸可以根据自己的图纸大小确定），半径为 100 像素。

③在所有图层的最上方新建两个图层，命名为"图层 1"和"图层 2"，渐变工具（快捷键：Shift+G）选择对称渐变，在"图层 1"中横向拖曳一次，在"图层 2"中竖向拖曳一次（如图 2-5 所示），渐变参数如图 2-6 所示。

图 2-4

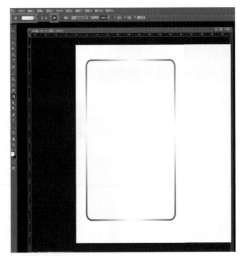

图 2-5

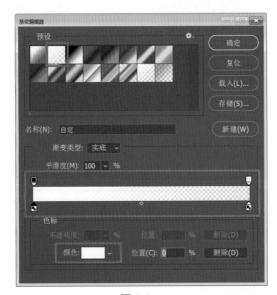

图 2-6

④创建一个新的图层,利用矩形选区工具 ,创建一个非常小的长方形选区,利用渐变工具(从白色完全不透明到白色完全透明)(如图 2-6 所示,颜色改为白色)在选区内拖曳出渐变(如图 2-7 所示),按下 Ctrl+D 结束选区制作。

⑤将此选区复制并移动到 iPad 的四个角落(如图 2-8 所示),多余的地方用橡皮擦工具(快捷键:E)擦掉。

图 2-7　　　　　　　　　　　　　图 2-8

⑥前置摄像头的绘制,在所有图层的最上方新建一个图层,并绘制一个圆形的选区,选择渐变工具,点击渐变编辑器,修改需要进行渐变的颜色(如图 2-9 所示),然后以圆的圆心为起点,进行径向渐变。注意:中间的白色部分可以重新绘制一个白色的圆,或直接由渐变组成。

⑦ HOME 键的绘制,使用椭圆工具创建描边为深灰色、1 像素,内部为浅灰色到白色渐变的正圆。

HOME 键上,使用圆角矩形工具创建描边为白色、1 像素,内部为浅灰色到白色渐变的圆角矩形。得到的最终图形如图 2-10 所示。

图 2-9　　　　　　　　　　　　　　　　　　　　　图 2-10

⑧ iPad 底部阴影的绘制,在新创建的所有图层的最下方新建一个图层,设置羽化值(至少为 20 像素)创建椭圆形选区,实现灰色完全不透明到灰色半透明的渐变(从右往左拖曳渐变)(如图 2-11 所示)。

图 2-11

此处有视频"2-3iPad 制作"。

2.1.3　画笔工具

画笔工具与实体画笔的作用一样,是最基本的绘画工具,通过改变画笔的形状、大小、颜色、虚实程度、流量等,可以在画面上绘制图像。

①画笔工具 ✎(快捷键:Shift+B):在窗口菜单中找到"画笔预设"命令(快捷键:F5),打开"画笔"面板,单击状态栏最左边的"画笔预设" ✎,可以在"画笔预设"面板中选择画笔或调整画笔参数。单击面板右下角的"打开预设管理器",可以选择笔刷并进行存储、载入、重命名等操作。

·画笔笔尖形状设置:打开"画笔"面板,在"画笔笔尖形状"页面可以设置绘画工具和修饰工具的笔刷种类、画笔大小和硬度等属性。

·翻转 X/Y:可以对画笔笔尖在其 X 轴或 Y 轴上进行翻转。

·角度:通过角度数值的调整,对画笔笔尖进行水平方向的旋转。

·圆度:调整画笔短轴与长轴之间的比率。

·硬度:只可用于圆形画笔中,数值越小,画笔柔和度越高。

·间距:用来控制画笔笔迹之间的距离,数值越大,笔迹的间距越大。

画笔笔尖形状的设置参数如下。

·形状动态:形状动态可以决定描边中画笔笔迹的变化,它可以使画笔的大小、圆度等产生随机变化的效果。

·大小抖动:指定画笔笔迹大小的改变方式。数值越大,图像轮廓越不规则。"控制"下拉列表中可以设置"大小抖动"的方式,其中"关"选项表示不控制画笔笔迹的大小变换;"渐隐"选项是按照指定数量的步长在初始直径和最小直径之间渐隐画笔笔迹大小,使笔迹产生逐渐淡出的效果;如果计算机配置有绘图板,可以选择"钢笔压力""钢笔斜度""光笔轮"或"旋转"选项,然后根据钢笔的压力、斜度、位置或旋转角度来改变初始直径和最小直径之间的画笔笔迹大小。

·最小直径:当启用"大小抖动"选项以后,通过该选项可以设置画笔笔迹缩放的最小缩放百分比。数值越大,笔尖的直径变化越小。

·**倾斜缩放比例**:当"控制"设置为"钢笔斜度"时,该选项用来设置在旋转前应用于画笔高度的比例因子。

·**角度抖动/控制**:用来设置画笔笔迹的角度。设置"角度抖动"的方式可以在"控制"下拉列表中进行选择。

·**圆度抖动/控制/最小圆度**:用来设置画笔笔迹的圆度在描边中的变化方式。设置"圆度抖动"的方式可以在"控制"下拉列表中进行选择。另外,"最小圆度"选项可以用来设置画笔笔迹的最小圆度。

·**翻转 *X*/*Y* 抖动**:将画笔笔尖在 *X* 轴或 *Y* 轴上进行翻转。

·**画笔投影**:可应用画笔倾斜和旋转来改变笔尖形状。使用光笔绘画时,需要将光笔更改为倾斜状态并旋转光笔以改变笔尖形状。

·**散布**:用于设置笔迹的数目和位置,以达到画笔笔迹沿着绘制的线条扩散的效果。

·**纹理**:可以绘制带有纹理的笔触效果。

·**双重画笔**:可以绘制带有两种画笔样式的笔触效果。

·**颜色动态**:调整色相抖动、饱和度抖动、亮度抖动、纯度,可使笔触在绘制的时候发生颜色变化。

·**流量抖动**:调整流量抖动的百分比,可以让画笔的笔触带有深浅的效果。

·**画笔笔势**:左右滑动倾斜 *X* 下方的滑块,即可更改倾斜 *X* 的倾斜程度;左右滑动倾斜 *Y* 下方的滑块,即可更改倾斜 *Y* 的倾斜程度。

②**铅笔工具**✏️(切换快捷键:**Shift+B**):其位于"画笔工具组"中,主要用于绘制硬度较高的线条,使用方法与"画笔工具"相似,但用"画笔工具"绘制的线条柔和度高。在选项栏中可以设置模式和不透明度,不透明度越高,笔迹颜色就越鲜艳。在选项栏中勾选"自动涂抹"选项后,将光标放置在包含前景色的区域上,可以将该区域涂抹成背景色;将光标放置在不包含前景色的区域上,则可以将该区域涂抹成前景色。

③**颜色替换工具**✏️(切换快捷键:**Shift+B**):其位于"画笔工具组"中,"颜色替换工具"能够以涂抹的形式更改画面中的部分颜色,前景色颜色就是替换的颜色。当"颜色替换工具"的取样方式设置为"连续"时,光标中央的位置是取样位置,这样就可以更改与光标中央处颜色相近的区域。在选项栏中的"限制"列表下进行选择,若选择"不连续"时,可以替换出现在光标下任何位置的颜色;若选择"连续"时,只替换光标下颜色相近的颜色。选项栏中的"容差"控制着可替换颜色区域的大小,容差值越高,可替换的颜色范围就越大。

④**混合器画笔工具**✏️(切换快捷键:**Shift+B**):混合器画笔工具可以绘制出逼真的手绘效果,是较为专业的绘画工具,通过属性栏的设置可以调整笔触的颜色、潮湿度、混合颜色等,这就如同在绘制水彩或油画的时候,随意调整颜料颜色、浓度、颜色混合等,可以绘制出更为细腻的效果图。

案例:运用画笔工具制作抖动图案(如图 2-12 所示)。

①先选择一个很硬朗的画笔,大小自定(如图 2-13 所示)。新建一个图层,用钢笔工具

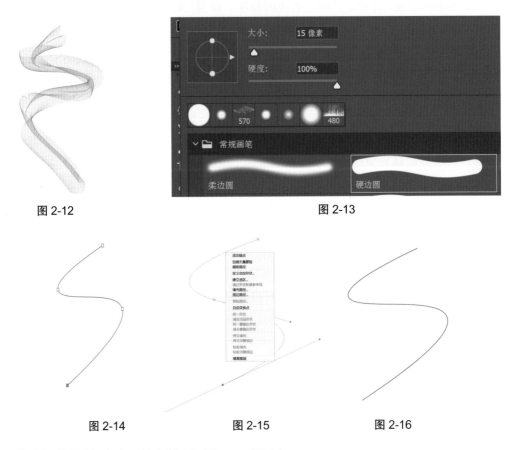

（快捷键：P）或弯度钢笔工具，创建一个 S 形（如图 2-14 所示）。

②在路径上右键单击描边路径（如图 2-15 所示），选择画笔，按下 Ctrl+Enter，按下 Ctrl+D 关闭选区，则会出现一个 S 形的曲线（如图 2-16 所示）。

图 2-12　　　　　　　　　　　　　图 2-13

图 2-14　　　　　　　图 2-15　　　　　　　图 2-16

③编辑菜单栏，定义画笔预设（如图 2-17 所示）。

图 2-17

④调整画笔预设的数值（如图 2-18、图 2-19 所示）。

图 2-18

图 2-19

此处有视频"2-4 画笔工具"。

2.1.4　橡皮擦工具

橡皮擦工具就像生活中的橡皮擦一样,能擦掉多余的图形、背景及图案。

①橡皮擦工具 ![橡皮擦图标](快捷键: Shift+E):橡皮擦工具主要可对图像进行擦除,并用图片中的背景色进行代替,若该图层被解锁,则被擦除的部分会呈现透明。它还可以将图像还原到历史记录面板中的任何一个状态,拥有抹到历史记录的功能。

·设置属性 ![图标]:点击画笔设置面板,可设置画笔笔头大小、硬度、柔边效果。画笔面板在画笔工具中可以找到。

·画笔模式 ![模式: 画笔]:包括画笔、铅笔、块模式。铅笔模式:与画笔模式差不多,不过不具备柔边,并不常用,一般常用画笔中的硬边缘画笔。块模式:块的大小不能更改,可以在图像中画出整齐的矩形区域。如想将多擦去的地方进行恢复,按住 Alt 键点击涂抹过的地方即可恢复。

·抹到历史记录 ![抹到历史记录]:打开历史记录面板,对需要的历史记录进行操作,勾选"抹到历史记录",选中橡皮擦进行擦除,则会把原图层上绘制及改变过的任何图层上的图像进行擦除。此操作可以调整透明度。

②背景橡皮擦工具 ![图标](切换快捷键: Shift+E):背景橡皮擦工具在橡皮擦工具选项之下,可以用来对背景对象进行擦除以及抠除图像。其与橡皮擦工具类似,不过属性有所不同。

在擦除图像的局部范围时,如果有背景被擦除,若没有勾选保护前景色,则前景色不被保护。背景色默认为白色,会被保护。在去掉背景的同时可以保留物体的边缘(如图 2-20、

图 2-21 所示)。

· **连续**:随着鼠标移动,不断地吸取和擦除颜色。

· **一次**:只抹除包含第一次点按的颜色的区域。

· **背景色版**:只抹除包含当前背景色的区域,仅仅限于背景色。连续为擦除相连的同色像素;不连续为擦除不相连的同色像素。查找边缘能够清晰且智能地找到用户想要找到的边缘,即使想要进行擦除的图片和背景色比较接近,通过调整容差值也可以完美地找出边缘。

③**魔术橡皮擦工具(切换快捷键: Shift+E)**:可以根据颜色近似程度来确定将图像擦成透明的程度或去除背景,是魔棒工具和橡皮擦工具的组合。

· **连续**:勾选后只会擦除相连的同色像素。

· **对所有图层取样**:如果勾选"对所有图层取样",操作不仅针对所操作的那个图层,而是对所有图层都进行操作,但对背景图层无效。

魔术橡皮擦根据容差擦除,容差越大,擦除的同色系的颜色越多。一般选择颜色值为 15~30。

图 2-20

图 2-21

2.2   图章与抠图工具

2.2.1   污点修复画笔工具

污点修复画笔工具 ◈ (快捷键: Shift+J):可以快速地将图像上的污点和其他不理想的部分进行去除,单击鼠标右键,可改变画笔的形状和大小(如图 2-22 所示),直接在需要修复的图片上涂抹,工具就会根据周围的图像自动取样,从而修复图像(如图 2-23、图 2-24 所示)。

· **近似匹配** `近似匹配`:与周围的像素颜色自动地进行匹配,如果被涂抹的地方对比强烈,效果会不好。

· **创建纹理** `创建纹理`:自动修复像素,用像素边缘的纹理进行填充。但使用后会像素化严重。

· **内容识别** `内容识别`:根据周围的像素来进行内容识别,效果最好。

•**对所有图层取样** 对所有图层取样：若进行勾选，则无论有多少个图层，在任意一个图层上进行污点修复时，会对所有图层进行修改。

•**始终对大小使用压力** ：在使用手绘板绘制时，如果涂抹某个部位，即可以使用压力命令，压力大则范围大，压力小则范围小，经过一段运算过程以后，能得出结果，在去除一些大小不等的线条时经常使用。

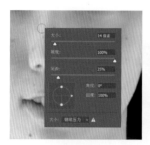
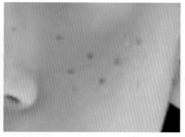

图 2-22　　　　　　　　　　图 2-23　　　　　　　　　　图 2-24

此处有视频"2-5 污点修复画笔工具"。

2.2.2　修复画笔工具

使用修复画笔工具 （切换快捷键：Shift+J）时应先按住 Alt 键取样（如图 2-25 所示），然后涂抹不理想的部分。

•**画笔选项** ：点击属性栏上的"画笔选项"，可以调整画笔的大小、硬度、间距和角度数值。

大小数值越大，画笔就越大。硬度越小，画笔边界羽化就越大。间距和角度一般不用调整。

•**切换仿制源面板** ：点击属性栏上的"仿制源"，可以打开仿制源对话框，选中修复画笔后，按住 Alt 键单击图像来定义取样源点，对话框中会出现对应的数据。

在对话框中可以定义五个取样源点，选择对应的取样源点，可以将对应的源点数据作为依据修复图像（如图 2-26 所示）。

•**模式** 模式：正常：有 8 种模式可以选择，选择相应的模式，用画笔涂抹图像时，源点和图像上涂抹的地方就会出现相应的模式变化。选择"正常"时，可用源点像素修复画笔涂抹像素。

•**取样** 源：取样：激活属性栏上"源"后面的"取样"，即可以定义源点进行取样修复。

•**图案** 取样　图案：激活属性栏上"源"后面的"图案"，有多种图案可以选择使用，这时不用定义源点，用画笔涂抹画面时，会直接用相应的图案修复图像。

•**对齐** 对齐：勾选"对齐"时，可以对每个图案使用相同的位移（图案可以连成一个整体）。

•**样本** 样本：当前图层：在"样本"的下拉框中有 3 种样本方式可以选择，当选择"当前图层"时,只能在当前图层进行取样修复,当选择"所有图层"时,可以在所有图层进行取样修复。

·扩散 扩散: 5 ∨ :调整属性栏上的"扩散"数值,数值越大,扩散就越大,也就是按住画笔时进行渲染的范围越大。

调整好画笔参数后,按住 Alt 键单击图像来定义取样源点,用画笔在图像上涂抹,可以用图像上取样部分的像素修复图像。

图 2-25

图 2-26

此处有视频"2-6 修复画笔工具"。

2.2.3 修补工具

使用修补工具 (切换快捷键: Shift+J)时首先要将想要修补的地方用选区框选(如图 2-27 所示),然后将选中的选区向周围想被修补的选区处拖动。当修复时,它会保持原来的纹理、亮度以及层次的信息。修补工具和套索工具一样,可以用来做选区加减法。

·修补正常模式 修补: 正常 ∨ :将选区拖至想要修补的选区,接着将选中的选区复制填补过来,一般用于颜色均匀的地方。

·源 源 :将所选区域拖曳到被选区域,则被选区域的图案及颜色会覆盖到所选区域上(如图 2-28 所示)。

·目标 目标 :将所选区域拖曳到被选区域,则所选区域的部分覆盖到被选区域上。

·透明 ☑ 透明 :勾选"透明",选择源或目标,所选或被选区域都会进行透明化处理。

·使用图案 使用图案 ∥ ∨ :先选择选区,再点击"使用图案",点击的次数越多,图案叠加得越强烈,无论选择源或目标,图案都会随之而动。

·修补内容识别模式 修补: 内容识别 ∨ : PS 会计算识别周围的颜色来填补,一般用于纹理变化较大的地方。

·修补结构 结构:7 ∨ :修补的力度,结构数值越大,修补力度越大;若结构数值为 1 时,则修补力度最小。

·修补颜色 颜色:0 ∨ :修补颜色的数值越小,内容识别力度越大;修补颜色数值越大,内容识别力度越小。

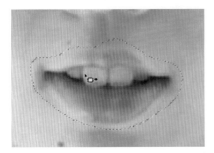

图 2-27

图 2-28

此处有视频"2-7 修补工具"。

2.2.4 内容感知移动工具

内容感知移动工具 ✕ (切换快捷键: Shift+J): 可以将图片中多余的物体去除(用法同修补工具),且自动计算和修复移除部分,从而实现更加完美的图片合成效果。也可以将物体移动或复制至图像的其他区域(如图 2-29 所示),并且重新混合组色,以便产生新的位置视觉效果,同时也可以将复制出的图形进行修改(如图 2-30 所示)。

· 扩展 模式: 扩展 : 将选区拖至被选区域,则选区内的图案复制到被选区域中。

· 移动 模式: 移动 : 将选区拖至被选区域,则选区内的图案移动至所选区域中。

图 2-29

图 2-30

此处有视频"2-8 内容感知移动工具"。

2.2.5 红眼工具

红眼工具 ✚◉ (切换快捷键: Shift+J): 可修复用闪光灯拍摄的人物照片中的红眼(如图 2-31 所示),也可以修复用闪光灯拍摄的动物照片中的白色、绿色反光。在红眼处进行双击或单击,即可完成红眼工具操作(如图 2-32 所示)。

· 瞳孔大小 瞳孔大小: 50% : 设置瞳孔(眼睛暗色的中心)的大小。

· 变暗量 变暗量: 50% : 设置瞳孔的暗度。

图 2-31　　　　　　　　　　图 2-32

此处有视频"2-9 红眼工具"。

2.2.6　图章工具

图章工具可以帮助快速复制出想要的区域,多用于图案仿制图章或去除水印。

①**图章工具**（ **快捷键: Shift+S**): 主要用途是去除水印。利用图章工具需要在要仿制的源点按下 Alt 键,同时用鼠标点击采样,之后在需要修改的地方涂抹。

·**图章取点画笔预设** :取点的笔形有很多,比如画笔、铅笔、毛笔等。

·**图章仿制源** :帮助记忆多个取点的位置图形。

·**图章模式** 正常 :进行图章制作时,可选择多种仿制图像模式。

·**图章不透明度** 不透明度: 100% :取点的范围是否透明,设置范围为 0%~100%。

·**图章流量** 流量: 100% :单个点内所集中的像素,设置范围为 0%~100%。

·**图章对齐** 对齐 :当勾选"对齐"后,无论绘制时是否为一笔绘制或从一个基点开始绘制,所复制出的图像均为一个完整的图形。

·**图章样本** 样本: 当前图层 :取样点可以设置为当前图层、当前和下方图层及所有图层。

②**图案仿制图章**（ **切换快捷键: Shift+S**):采用预设好的图案,进行涂抹。先制作图案(如图 2-33 所示),选择"编辑"→"定义图案"(如图 2-34 所示)。在属性栏中选择相应的图案(如图 2-35 所示),在画面中涂抹即可。

图 2-33　　　　　　　　　　　　　　图 2-34

图 2-35

此处有视频"2-10 图章工具"。

2.2.7　快速选择工具

快速选择工具 ![icon]（**快捷键:Shift+W**）用于快速选择相近的图案及颜色。

· **快速选择工具选区形式** ![icon]：有 3 个选区形式,用法同选框工具,分别为新选区、添加到选区、从选区减去。

· **快速选择工具取点画笔预设** ![icon]：通过大小、硬度、间距进行选区工具的样式的选择。

· **对所有图层取样** ![对所有图层取样]：勾选后,可以选择叠加的多个图层的相近图案及颜色。

· **自动增强** ![自动增强]：勾选后,画笔选择区域的速度会更快,面积会更广。

2.2.8　魔棒工具

魔棒工具 ![icon]（**切换快捷键:Shift+W**）可以快速地选择相近的图案及颜色,是抠图的常用的工具。

· **魔棒工具选区形式** ![icon]：有 4 个选区形式,用法同选框工具,分别为新选区、添加到选区、从选区减去、与选区交叉。

· **魔棒工具取样大小** ![取样大小:取样点]：颜色范围,数值越大选取的颜色范围就越大,数值越小选取的颜色范围就越小。

· **容差** ![容差:32]：该数值越大,则所选取的相似颜色就越多;该数值越小,所选取的相似颜色就越少。

· **消除锯齿** ![消除锯齿]：通过软化边缘像素与背景像素之间的颜色转换,使选区的锯齿状边缘变平滑。

· **连续** ![连续]：勾选"连续",则只能选择与点击部分相连的同色区域,如果画面中有多个分隔开的同一颜色区域,只能进行多次点选。如果取消勾选,则可以一次性把所有相连和不相连的同一颜色区域全部选中。

· **对所有图层取样** ![对所有图层取样]：勾选后,魔棒工具对所有图层均进行选择。

· **选择并遮住** ![选择并遮住...]：通过视图、全局调整以及输出设置能更方便地抠取边界为毛发的图形(如图 2-36 所示)。

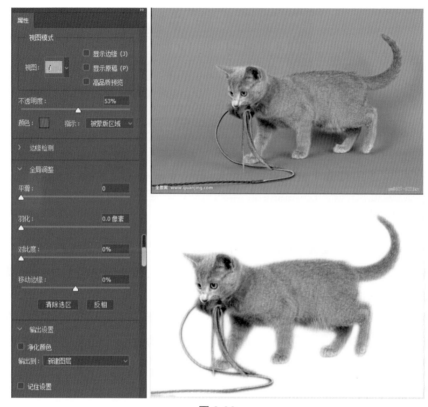

图 2-36

此处有视频"2-11 魔棒工具"。

2.3   修饰工具

2.3.1   模糊工具

模糊工具 ⬤ 能将图像中的部分内容或边缘进行模糊处理,也可以对细节进行模糊修饰。模糊处理前的效果如图 2-37 所示,模糊处理后的效果如图 2-38 所示。

·**模糊工具画笔及画笔预设** ✹ ⌄ ☑ :根据大小、硬度及样式选择不同的模糊画笔的样式去完成模糊工具的运用。

·**模糊模式** 模式: 正常 ⌄ :有 2 种常用模式,用变暗模式对图像进行模糊处理时图像会变暗,用变亮模式对图像进行模糊处理时图像会变亮。

·**强度** 强度: 50% ⌄ :数值越高,画笔模糊程度越高,反之则画笔模糊程度越低。

·**对所有图层取样** ☑ 对所有图层取样 :勾选后,模糊工具对所有图层均进行模糊处理。

图 2-37　　　　　　　　　　　　　　　　图 2-38

2.3.2　锐化工具

锐化工具 与模糊工具的效果相反,在画面中使用时会让图像通过简单的修复提高像素,若锐化过度会出现饱和过度现象。锐化处理后的效果如图 2-39 所示。

·保护细节 ☑ 保护细节 :勾选"保护细节"会保留更多细节。

2.3.3　涂抹工具

涂抹工具 可将图案进行涂抹化处理,将与外边缘颜色进行融合。拖动范围越大,涂抹强度越大,拖动范围越小涂抹强度越小。涂抹处理后的效果如图 2-40 所示。

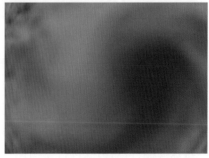

图 2-39　　　　　　　　　　　　　　　　图 2-40

·手指绘画 ☑ 手指绘画 :模拟手指进行涂抹绘画。
此处有视频"2-12 模糊锐化涂抹工具"

2.3.4　滤镜模糊工具

此类模糊工具不在工具栏中,需要点击"滤镜"菜单栏中的"模糊"选项选择相关命令。
·表面模糊:对图像表面进行模糊化处理。半径及阈值越大,模糊程度越高。
·动感模糊:对图像沿着指定的方向(-360 度 ~+360 度),以指定的强度(1~999)进行模糊化处理。动感模糊前的效果如图 2-41 所示,动感模糊后的效果如图 2-42 所示。

图 2-41　　　　　　　　　　　　　　　图 2-42

此处有视频"2-13 滤镜模糊"。

·**方框模糊**:对图像进行方框化模糊。

·**高斯模糊**:按指定的值快速模糊选中的图像部分,产生一种朦胧的效果。

·**径向模糊**:对图像进行旋转及缩放形式的模糊。径向模糊前的效果如图 2-43 所示,径向模糊后的效果如图 2-44 所示。

图 2-43　　　　　　　　　　　　　　　图 2-44

此处有视频"2-14 径向模糊摩托车"。

·**镜头模糊**:模拟相机镜头的模糊形式。

·**模糊**:对图像表面模进行糊化处理(模糊程度默认,不能调整数值)。

·**平均**:对图像的所有颜色进行平均化处理,变成一种颜色。

·**特殊模糊**:可对边缘进行模糊化处理。

·**形状模糊**:对图像进行特殊形状的模糊化处理。

此处有视频"2-15 滤镜模糊"。

2.3.5　减淡工具

减淡工具 <span>（快捷键：Shift+O ）可用来调整图片中的细节部分,将图像的色彩进行减淡化处理。减淡工具处理后后效果如图 2-45 所示。

·**范围** 范围: 中间调 ∨ :通过选择阴影、中间调、高光来调整图像细节。

·**保护色调** ☑ 保护色调 :勾选后会对图像的色调进行保护。

2.3.6　加深工具

加深工具 ![icon](切换快捷键：Shift+O)用于调整图片中的细节部分，将图像的色彩进行加深化处理。加深工具处理后的效果如图 2-46 所示。

2.3.7　海绵工具

海绵工具 ![icon](切换快捷键：Shift+O)主要用于降低当前图像中的某些局部的饱和度和色彩鲜艳程度。海绵工具处理后的效果如图 2-47 所示。

此处有视频"2-16 减淡加深海绵工具"。

图 2-45　　　　　　　　　图 2-46　　　　　　　　　图 2-47

2.3.8　液化工具

液化工具(快捷键：Shift+Ctrl+X)：选择"滤镜"菜单栏中的"液化"工具，在液化界面能够使用工具对人物或动物的身材、脸型等进行调整，这就是常说的修图美化。液化工具处理前的效果如图 2-48 所示，液化工具处理后的效果如图 2-49 所示。

图 2-48　　　　　　　　　　　　　图 2-49

此处有视频"2-17 液化工具"。

第 3 章　钢笔与文字工具

通过本章的学习,读者可以掌握钢笔与文字工具的操作方法,通过练习,能够熟练掌握钢笔与文字工具的运用,为后续课程的抠图与绘图打下坚实基础。

3.1　钢笔工具及操作方法

3.1.1　钢笔工具

钢笔工具 ![pen] (快捷键: Shift+P)是集抠图、绘图工具功能于一体的工具,是矢量抠图工具。钢笔工具需要绘制多个控制点,且通过调整控制点让绘制的图形更复杂、更贴合抠图的边缘。路径由直线路径或曲线路径组成,通过节点连接(如图 3-1 所示)。绘制一个闭合图形之后,使用 Ctrl 键+回车键,可转换成选区。

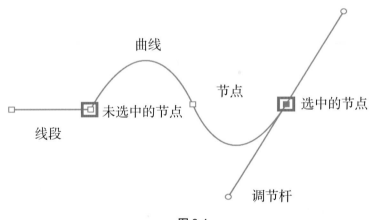

图 3-1

·**钢笔工具绘制水平或垂直的线**:需要按住 Shift 键进行绘制。

·**钢笔工具绘制弧线**:需要在绘制控制点时不松开鼠标,并拖曳鼠标,松手后,即可以得到曲线,通过调节杆可以得到想要的任何弧形。

·**调整控制点**:在所绘制的控制锚点上,按住 Alt 键使用鼠标左键可将锚点定住不动,可以删除一侧的控制杆,然后继续绘制,这时绘制会以此点为基点。按住 Ctrl 键可以移动当前的锚点,按退格键可删除锚点。

钢笔属性包括形状、路径和像素。

形状:同矩形工具,在属性栏可以选择填充、描边、粗细、线性、宽窄、形状状态对齐、形状在图层中的状态、自动添加/删除(勾选后,在形状绘制完成之后也可以返回继续添加或删除锚点）、对齐边缘（像素的边缘）等。可在单独形状图层中创建随意形状。

　　路径：创建工作路径，还可以添加填充和描边。

　　像素：不能创建矢量图形，可以绘制栅格化的图形。

3.1.2　自由钢笔工具

　　自由钢笔工具 ![icon]（切换快捷键：Shift+P）可用于绘制比较随意的图形，使用方法与套索工具相似，是一种绘制图形的工具，但绘制之后会出现多个控制点，通过调整各锚点的控制杆可以修改所绘图形或路径（如图 3-2 所示）。

3.1.3　弯度钢笔工具

　　弯度钢笔工具 ![icon]（切换快捷键：Shift+P）用于绘制弯曲图形，使用方法同钢笔工具。绘制前两个点时不会发生任何变化，绘制第三个点时会变成弧线，若想变直线，则需要按住 Alt 键点击最后一个控制点，继续绘制则图形为直线（如图 3-3 所示）。

图 3-2

图 3-3

3.1.4　添加锚点工具

　　添加锚点工具可在路径中直接添加锚点，在使用钢笔工具的情况下，当放在锚点上的光标出现"+"号时，即可在路径上添加控制点。

3.1.5　删除锚点工具

删除锚点工具可在使用钢笔工具的情况下,当锚点上的光标出现"-"号时,即可在路径上删除控制点。

3.1.6　转换点工具

使用转换点工具 点击路径上的转换点可进行转换,角度可自行调整,角点会转换成平滑点。按住 Ctrl 键为移动锚点,按住 Alt 键为转换点(直角点与弧线点)。

3.1.7　路径选择工具

①路径选择工具 (快捷键:Shift+A):能够移动绘制整个的路径。
②直接选择工具 (切换快捷键:Shift+A):能够移动控制点、修改控制点。
案例:软装抠取素材及排版(如图 3-4 所示)。

图 3-4

①运用钢笔工具,将想要进行软装搭配的家具利用钢笔路径抠图,同时利用直接选择工具白箭头、添加控制点、删除控制点、转换点等工具来进行修改,绘制路径之后,按下 Ctrl 键+回车键生成选区,再利用移动工具将其移动到画面中(如图 3-5 所示)。
②利用自由钢笔工具抠除不规则曲线较多的图形(例如抱枕),同时利用直接选择工具白箭头、添加控制点、删除控制点、转换点等工具来进行修改,再利用移动工具将图形移动到

画面中。

图 3-5

③利用弯度钢笔工具抠除弯度较多的图形(例如欧式镜面),同时利用直接选择工具白箭头、添加控制点、删除控制点、转换点等工具来进行修改,再利用移动工具将图形移动到画面中。

④抠除窗帘等图形之后,需要进行自由变换(快捷键: Ctrl+T)的透视变换,可以利用透视或斜切来完成相关具有透视变形的图像的制作。

此处有视频"3-1 钢笔工具"。

3.2　文字工具及操作方法

3.2.1　文字工具

文字工具 **T** (快捷键: Shift+T)包括横排文字工具、直排(竖排)文字工具、横排蒙版文字工具、直排(竖排)蒙版文字工具(如图 3-6 所示)。

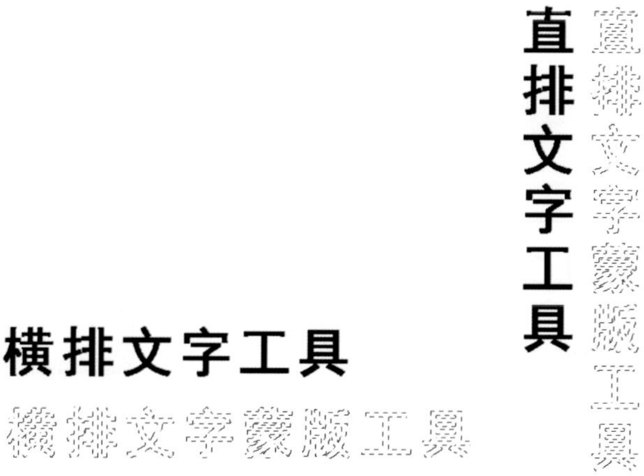

直排文字工具

直排文字蒙版工具

横排文字工具

横排文字蒙版工具

图 3-6

文字工具用法如下。

①文字工具输入时不需要新建图层,文字颜色与前景色一致。

②选择文字工具后,直接在文件上点击输入即可。

③选择文字工具后,在画布上拖曳出文本框输入文字(如果需要输入大量文字,需要使用文本框输入,方便调整排版等问题),按住鼠标左键不放并拖动鼠标,即可使用文本框输入文字,将鼠标放到文本框边缘,出现左右箭头或是上下箭头即可调整文本框的大小。

④结束命令:属性栏选择"√" 或按 Ctrl 键 + 回车键。

3.2.2　文字属性设置

②设置文字字体,选择想要的字体即可。

③设置文字大小,可选择想要的文字大小或手动输入大小的数值。

④添加文字边缘样式,默认为"锐利"(如图 3-7 所示),不同 PS 版本的默认值可能不一样。

⑤设置文本对齐方式,默认是左对齐。

⑥文字颜色设置,可根据自己的需要选择合适的文字颜色。

⑦变形文字,根据不同样式进行文字变形(如图 3-8 所示)。

①横排文字工具、直排文字工具切换。

图 3-7

图 3-8

⑧切换字符和段落面板进行文字及段落编辑。

⑨终止文字编辑命令。

⑩确定文字编辑命令。

⑪3D 文字编辑命令。

3.2.3　编辑文字

①更改字体类型（与属性栏一致）。

②更改字体大小：选中文字后，修改数字或按 Ctrl 键 +Shift 键 + 小于号或大于号（英文输入法情况下，按小于号变小，按大于号变大）。

③更改行距：选中文字后，修改数字或按 Alt 键 + 上下方向键。

④更改字间距：选中文字后，修改数字或将键光标置于两个字之间按 Alt 键 + 左右方向键。

⑤更改字距：选中文字后，修改数字或按 Alt 键 + 左右方向键。

⑥设置所选字符的比例间距。

⑦文字垂直缩放，可更改文字高度。

⑧文字水平缩放，可更改文字宽度。

⑨文字基线偏移。

分别表示：加粗、倾斜、全部大写、首字母大写、上标、下标、下划线、删除线，用法同 Word 文档（如图 3-9 所示）。

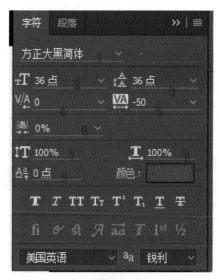

图 3-9

3.2.4　段落文字

使用"段落"面板可更改列和段落的格式。选择一种文字工具并单击"面板"按钮，即可选中段落面板（如图 3-10 所示）。

图 3-10

①对齐和调整。

②左缩进。

③首行左缩进。

④段前空格。

⑤右缩进。

⑥段后空格。

⑦避头尾法则（标点是否在行首）。

⑧间距组合（标点是否占两个字符）。

⑨连字符连接。

在"段落"面板或选项栏中，单击对齐选项 。

横排文字的选项依次为：

·**左对齐文本** ：将文字左对齐，使段落右端参差不齐。

·**居中对齐文本** ：将文字居中对齐，使段落两端参差不齐。

·**右对齐文本** ：将文字右对齐，使段落左端参差不齐。

·**最后一行左对齐** ：对齐除最后一行外的所有行，最后一行左对齐。

·**最后一行居中对齐** ：对齐除最后一行外的所有行，最后一行居中对齐。

·**最后一行右对齐** ：对齐除最后一行外的所有行，最后一行右对齐。

·**全部对齐** ：对齐包括最后一行的所有行，最后一行强制对齐。

直排文字的选项依次为：

·**顶对齐文本** ：将文字顶对齐，使段落底部参差不齐。

·**居中对齐文本** ：将文字居中对齐，使段落顶端和底部参差不齐。

·**底对齐文本** ：将文字底对齐，使段落顶部参差不齐。

·**最后一行顶对齐**▤:对齐除最后一行外的所有行,最后一行顶对齐。

·**最后一行居中对齐**▤:对齐除最后一行外的所有行,最后一行居中对齐。

·**最后一行底对齐**▤:对齐除最后一行外的所有行,最后一行底对齐。

·**全部对齐**▤:对齐包括最后一行的所有行,最后一行强制对齐。

案例:个人 LOGO 制作(如图 3-11 所示)。

图 3-11

步骤如下。

①用椭圆工具绘制 3 个圆环(如图 3-12 所示)。

②用文字工具在圆上进行文字的书写,可调整字间距,确定文字编辑之后可利用 Ctrl+T 进行调整(如图 3-13 所示)。

③导入照片,选择"滤镜"→"滤镜库",选择"素描""图章",调整明暗及平滑(如图 3-14 所示)。

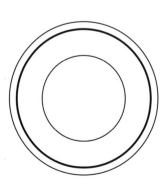

图 3-12

图 3-13

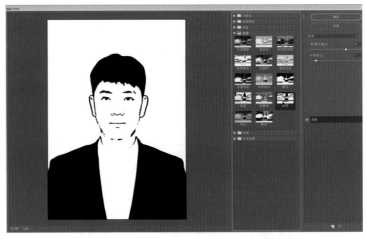

图 3-14

④用魔棒工具，选出黑色图像区域（如图 3-15 所示），将图像拖入做好的圆中，再选择最里面的圆图层，按住 Ctrl 键选择缩略图（如图 3-16 所示），选中圆内部分，按 Ctrl+Shift+I进行反选，回到头像图层，删除多余的部分，即可完成个人 LOGO 的制作。

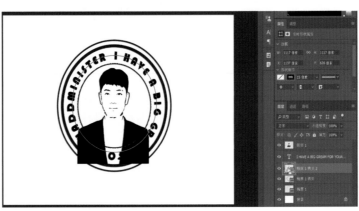

图 3-15   图 3-16

此处有视频"3-2 个人 LOGO 制作"。

第 4 章　图层、蒙版、通道与路径

　　通过本章的学习,读者可以掌握图层、蒙版、通道、路径的运用方法,通过实践练习,完成实际案例操作,掌握 PS 后期合成的制作步骤与方法。

4.1　图层

4.1.1　图层混合

　　"混合模式"(如图 4-1 所示)的下拉菜单中有不同的模式类别:变暗模式、变亮模式、饱和度模式、差集模式和颜色模式(如图 4-2 所示)。

图 4-1　　　　　　　　　　　　　　图 4-2

　　①变暗模式:特点是将图片变深。

　　·变暗:用下层暗色替换上层亮色。

　　·正片叠底:除了白色之外的区域都会变暗。

　　·颜色加深:加强深色区域。

　　·线性加深:和正片叠底相同,但变得更暗、更深。

·**深色**：和变暗相似，但是能清楚地找出两层替换的区域。

②**变亮模式**：特点是替换深色，所以能轻松地去掉黑色。

·**变亮**：与变暗完全相反。

·**滤色**：与正片叠底完全相反，产生提亮的效果。

·**颜色减淡**：与颜色加深完全相反，提亮后对比度效果好。

·**线性减淡**：与线性加深完全相反，与滤色相似，但比滤色的对比度效果好。

·**浅色**：与深色完全相反，和变亮相似，但能清楚找出颜色变化的区域。

③**饱和度模式**：算法中增加与 50% 的灰度进行比较。

·**叠加**：在底层像素上叠加，保留上层对比度。

·**柔光**：可能变亮也可能变暗，如果混合色比 50% 灰度亮就变亮，反之变暗。

·**强光**：可以添加高光也可以添加暗调，达到正片叠底和滤色的效果，具体取决于上层颜色。

·**亮光**：饱和度更高，增强对比，达到颜色加深或颜色减淡的效果。

·**线性光**：可以通过提高或减淡亮度来改变颜色深浅，可以让很多区域产生纯黑白，相当于线性减淡或线性加深。

·**点光**：会产生 50% 的灰度，相当于变亮和变暗的组合。

·**实色混合**：增加颜色的饱和度，使图像产生色调分离的效果。

④**差集模式包括以下内容**。

·**差值**：混合色中白色产生反相，黑色接近底层色，原理是从上层减去混合色。

·**排除**：与差值相似，但更柔和。

·**减去**：混合色与上层色相同，显示为黑色；混合色为白色，也显示黑色；混合色为黑色，显示上层原色。

·**划分**：如果混合色与基色相同，则结果色为白色；如混合色为白色，则结果色为基色不变；如果混合色为黑色则结果色为白色（颜色对比十分强烈）。

⑤**颜色模式包括以下内容**。

·**色相**：用混合色替换上层颜色，上层轮廓不变，达到换色的效果。

·**饱和度**：用上层图像的饱和度替换下层，下层的色相和明度不变。

·**颜色**：用上层的色相和饱和度替换下层，下层的明度不变（常用于着色）。

·**明度**：用上层的明度替换下层，下层的色相和饱和度不变。

此处有视频"4-1 图层混合"。

案例:利用图层混合将黄色花卉变为红色花卉(如图 4-3、图 4-4 所示)。

图 4-3

图 4-4

步骤如下。

①在原图层上新建图层,创建选区,给予红色(如图 4-5 所示)。在图层的混合模式中给予色相(如图 4-6 所示)。若想同时改变左右两侧黄色花卉的颜色,则在右侧的花卉区域上也要做选区,给予红色(做法同左侧)。

图 4-5

图 4-6

②可以将此调整色相的图层多复制几个(如图 4-7 所示),则花卉的颜色会随之变深(如图 4-8 所示)。

③也可以将最上面的图层,选择图层混合——变暗模式中的选项"深色",并设置不透明度为 33%,则颜色会进一步加深(如图 4-9 所示)。

图 4-7

图 4-8

图 4-9

4.1.2　图层样式

图层样式 fx. 是应用于一个图层或图层组的一种或多种效果。应用或编辑自定图层样式的步骤如下。

①双击该图层（在图层名称或缩览图的外部）。

②单击"图层"面板底部的"添加图层样式" fx. ,并从列表中选择效果。

③编辑现有样式,双击"图层"面板中的图层名称下方显示的效果。（单击"添加图层样式" fx. 旁边的三角形可显示样式中包含的效果。）

激活命令后,会出现"图层样式"对话框可用来创建不同的图层样式（如图 4-10 所示）。

图层样式将出现在"图层"面板中图层名称的右侧。可以在"图层"面板中展开样式,以便查看或编辑合成样式的效果（如图 4-11 所示）。

①图 4-11 中的"1"表示图层效果图标。

②图 4-11 中的"2"表示单击以展开和显示图层效果。

③图 4-11 中的"3"表示图层效果。

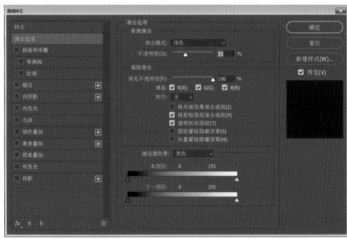
图 4-10

图 4-11

激活图层样式后,出现的样式及内容如下。

·**斜面和浮雕**:对图层添加高光与阴影的各种组合。

·**描边**:使用颜色、渐变或图案在当前图层上描画对象的轮廓。

·**内阴影**:在紧靠图层内容的边缘内添加阴影,使图层具有凹陷外观。

·**外发光和内发光**:添加从图层内容的外边缘或内边缘发光的效果。

·**光泽**:创建光泽的内部阴影。

·**颜色、渐变和图案叠加**:用颜色、渐变或图案填充图层内容。

·**投影**:使图层具有阴影效果。

图层样式选项如下。

·**高度**：对于斜面和浮雕效果，可设置光源的高度。值为 0 表示底边，值为 90 表示图层的正上方。

·**角度**：确定效果应用于图层时所采用的光照角度。可以在文档窗口中拖动以调整"投影""内阴影"或"光泽"效果的角度。

·**消除锯齿**：混合等高线或光泽等高线的边缘像素。

·**混合模式**：确定图层样式与下层图层（可以包括也可以不包括现用图层）的混合方式。

·**阻塞**：模糊之前收缩"内阴影"或"内发光"的杂边边界。

·**颜色**：指定阴影、发光或高光，可以单击颜色框并选取颜色。

·**等高线**：使用纯色发光时，等高线允许创建透明光环；使用渐变填充发光时，等高线允许创建渐变颜色和不透明度的重复变化；在斜面和浮雕中，可以使用等高线勾画在浮雕处理中被遮住的起伏、凹陷和凸起；使用阴影时，可以使用等高线指定渐隐。

·**距离**：指定阴影或光泽效果的偏移距离。

·**深度**：指定斜面深度。

·**使用全局光**：可以用来设置一个主光照角度，此角度可以让画面中所有的阴影都处于同一个角度。

·**图层效果**：用于设置"投影""内阴影"以及"斜面和浮雕"的效果。

·**光泽等高线**：创建有光泽的金属外观，光泽等高线是在为斜面或浮雕加上阴影效果后应用的。

·**渐变**：指定图层效果的渐变。

·**高光或阴影模式**：指定斜面或浮雕高光或阴影的混合模式。

·**抖动**：改变渐变的颜色和不透明度的应用。

·**图层挖空投影**：控制半透明图层中投影的可见性。

·**杂色**：指定发光或阴影的不透明度中随机元素的数量。

·**不透明度**：设置图层效果的不透明度，可输入数值或拖动滑块设置。

·**图案**：指定图层效果的图案。

·**位置**：指定描边效果的位置是"外部""内部"还是"居中"。

·**范围**：控制发光中等高线的部分或范围。

·**大小**：指定模糊的半径和大小或阴影的大小。

·**软化**：可减少多余的人工痕迹。

·**源**：指定内发光的光源。

·**扩展**：在模糊之前扩大杂边边界。

·**样式指定斜面样式**："内斜面"在图层内容的内边缘上创建斜面；"外斜面"在图层内容的外边缘上创建斜面。

·**浮雕效果**：模拟使图层内容相对于下层图层呈浮雕状的效果；"枕状浮雕"模拟将图层内容的边缘压入下层图层中的效果；"描边浮雕"将浮雕限于应用于图层的描边效果的

边界。

·**平滑**:稍微模糊杂边的边缘,可用于所有类型的杂边,不论其边缘是柔和的还是清晰的。此命令不保留大尺寸的细节特征。

·**雕刻清晰**:使用距离测量技术,主要用于消除锯齿形状(如文字)的硬边、杂边。

·**雕刻柔和**:使用经过修改的距离测量技术,虽然不如"雕刻清晰"精确,但对较大范围的杂边更有用。

·**柔和**:应用模糊,可用于所有类型的杂边,不论其边缘是柔和的还是清晰的。

·**精确**:使用距离测量技术创造发光效果,主要用于消除锯齿形状(如文字)的硬边、杂边。

·**纹理**:应用一种纹理。

此处有视频"4-2 图层样式"。

案例:烫金字体的制作(如图 4-12、图 4-13 所示)。

图 4-12

图 4-13

①导入素材,将纸纹理做透视变形,附加在名片上,设置图层混合模式为变暗(让纸质的效果更真实)。

②将烫金的文字输入,且沿着透视进行修改。

③设置如下图层样式。

·斜面与浮雕,让其有凸出效果,参数如图 4-14 所示。

·内阴影,参数如图 4-15 所示。

·光泽,参数如图 4-16 所示。

·颜色叠加,颜色参数如图 4-17 所示。

·渐变叠加,左下角深,右上角浅,形成反光效果,参数如图 4-18 所示。

·图案叠加,将金箔素材图片导入到 PS 的另外一个界面中,在"编辑"菜单栏中选择"定义图案",参数如图 4-19 所示。

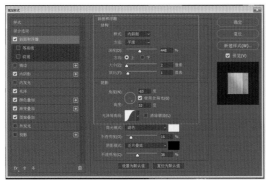

图 4-14

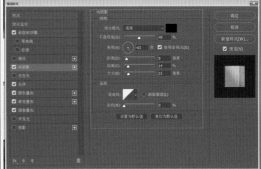

图 4-15

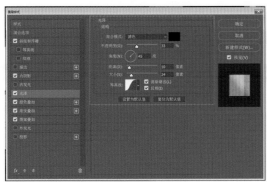

图 4-16

图 4-17

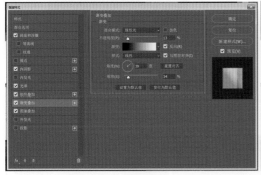

图 4-18

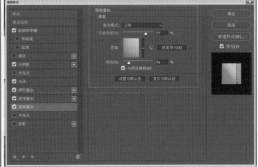

图 4-19

此处有视频"4-3 烫金效果制作"。

4.2　蒙版

4.2.1　蒙版用法

蒙版 ▣ 是将图层蒙上一张白纸,用黑色的笔去画,则该图层就会被显示出来。如果按住 Alt 键,则添加的是黑色蒙版,需要配合白色画笔绘制,被白色画笔遮住的地方不会显示。

案例:苹果与鸡蛋(如图 4-20 所示)。

先导入苹果素材,再将鸡蛋素材导入到苹果素材图层之上(如图 4-21 所示),且鸡蛋图形的底边与苹果图形的底边对齐(如图 4-22 所示)。

②选择鸡蛋图层,单击鼠标右键选择栅格化处理,再点选蒙版命令(如图 4-23 所示)。

③选中画笔工具(或者其他抠图工具),除中间鸡蛋黄留出的区域以外,其他的区域均给予黑色(如图 4-24 所示)。

④在苹果内部的鸡蛋壳处可以设置加深,让效果更真实。

图 4-20

图 4-21

图 4-22

图 4-23

图 4-24

此处有视频"4-4 苹果鸡蛋蒙版"。

4.2.2　快速剪切蒙版

快速剪切蒙版（快捷键：Ctrl+Alt+G）是一种临时的蒙版，最大的优点是可以通过绘图工具进行调整，一般启用蒙版工具是画笔工具和橡皮擦工具，加上快速剪切蒙版后，只能用黑白灰三色。

案例：快速给杯子换图案（如图 4-25 所示）。

①利用抠图工具，抠出杯子的基本模型，且每个杯子均为一个单独的图层（如图 4-26 所示）。

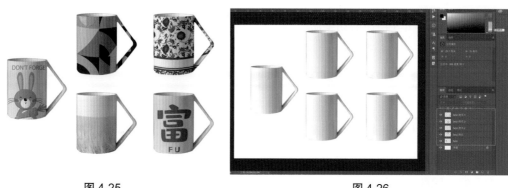

图 4-25　　　　　　　　　　　　　　　　　　　图 4-26

②将其中 1 张素材拖到一个杯子的图层上（注意要紧邻相应的杯子图层）（如图 4-27 所示）。

③在后拖入的素材图层上使用快速剪切蒙版（快捷键：Ctrl+Alt+G）工具，然后修改图层混合样式为正片叠底，即可得到想要的效果。在运用图层蒙版之前，将杯子扶手部分的图案保留。（如图 4-28 所示）。

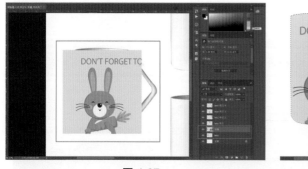

图 4-27　　　　　　　　　　　　　　　　　　　图 4-28

④很多图形即使采用上述的步骤，且给予正片叠底的图层混合模式仍然不真实，说明此素材的透视弧度与杯子不搭配，此种情况下需要使用自由变换工具（快捷键：Ctrl+T），进行变形操作，将图片进行变形，得到符合杯子造型的图案（如图 4-29、图 4-30 所示）。

图 4-29　　　　　　　　　　　　　　　　　图 4-30

此处有视频"4-5 快速剪切蒙版"。

4.3　通道

4.3.1　通道面板

通道主要用于抠图。通道主要存储颜色信息。RGB 模式下有三个通道。这三个通道分别存储不同的颜色信息,组合在一起成为在图层上看到的色彩状态。此三种颜色在通道中颜色显示越深则此颜色就越多,越浅则颜色越少,灰色则是介于黑和白之间(如图 4-31 所示)。

案例:通道抠闪电(如图 **4-32** 所示)。

①将闪电素材导入 PS 中,先将图层进行复制(如图 4-33 所示),点选通道,找到黑白对比最明显的通道,进行通道复制(如图 4-34)。

图 4-31　　　　　　　　　　　　　　　　图 4-32

图 4-33

图 4-34

②使用色阶工具（快捷键：Ctrl+L），将红色通道进行色阶的调整（如图 4-35 所示），直到闪电部分黑白对比明显（如图 4-36、4-37 所示）。

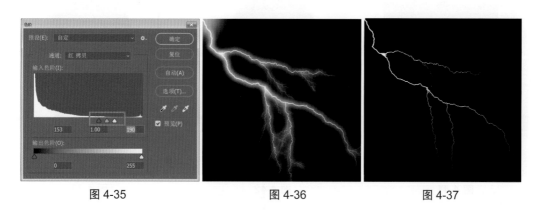

图 4-35　　　　　　　　　　　图 4-36　　　　　　　　　　　图 4-37

③按住 Ctrl 键点击红色拷贝通道的缩略图，将红色拷贝通道中的白色部分选中，点选回 RGB 通道中，再回到图层中，利用移动工具将抠除的素材拖入公路图片中。

此处有视频"4-6 通道命令"。

4.3.2　通道运用与抠图

案例：运用通道抠头发、换背景（如图 4-38、图 4-39 所示）。

①将素材导入 PS 中，复制背景图层，得到"背景 拷贝"图层（如图 4-40 所示），点选通道，选择头发对比最明显的一个通道（蓝色），并将此通道进行复制，得到"蓝 拷贝"图层（如图 4-41 所示）。

图 4-38   图 4-39   图 4-40

②通过调整色阶,让头发边缘更分明,注意不要调得太过(如图 4-42 所示)。

③沿着人物脸部、头发边缘以内进行抠图(如图 4-43 所示),将人物脸部给予黑色(如图 4-44 所示),然后按住 Ctrl 键选择蓝色通道缩略图,得到白色部分,回到 RGB 通道,回到图层,新建图层,给予任意背景颜色即可(如图 4-45 所示)。

图 4-41   图 4-42   图 4-43

图 4-44   图 4-45

此处有视频"4-7 通道抠头发"。

案例：利用裁剪工具制作一寸照（如图 4-46 所示）。

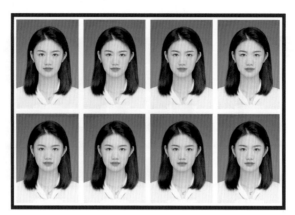

图 4-46

①利用裁剪工具，将图片进行裁剪，选择大小和分辨率的裁剪模式（如图 4-47 所示），在裁剪图像大小和分辨率对话框中，宽度和高度分别设为 2.5 厘米、3.5 厘米，分辨率为 300 像素/英寸（如图 4-48 所示），点击"确定"后，将裁剪从默认的位置（如图 4-49 所示）拖曳到合适的位置（如图 4-50 所示），点击确认 ✓ 生成裁剪后的照片（如图 4-51 所示）。

图 4-47　　　　　　　　　　　　　图 4-48

图 4-49　　　　　　　　　图 4-50　　　　　　　　　图 4-51

②给照片加一个白边。右键单击照片的标题栏,点选画布大小,勾选"相对",宽度设为0.2 厘米,高度设为 0.2 厘米,背景为白色(如图 4-52 所示)。在"编辑"菜单栏中将图片定义为图案(如图 4-53 所示)。

图 4-52   图 4-53

③新建一张图纸,尺寸为宽 10.8 厘米,高 7.4 厘米(如图 4-54 所示)。1 寸照排版:横向排列 4 个,纵向排列 2 个,分辨率为 300 像素/英寸。编辑菜单栏,填充(快捷键:Shift+F5),从自定义图案中找到相应图形进行填充(如图 4-55 所示)即可得到 1 寸照排版效果。

图 4-54   图 4-55

此处有视频"4-8 裁剪命令"。

4.4   路径

4.4.1   路径面板

①路径名称:当前路径的名称,双击后可修改名称(如图 4-56 所示)。
②用前景色填充路径:点击该按钮,可以用前景色填充路径区域。
③用画笔描边路径:选中路径,可以用设置好的"画笔工具"对路径进行描边。
④将路径作为选区载入:点击该按钮,可以将路径转换为选区。
⑤从选区生成工作路径:如果当前有选区,点击该按钮,可以将选区转换为工作路径。

　　⑥**添加图层蒙版**：先把路径转化为选区后，点击该按钮，就能以当前选区为图层添加图层蒙版。

　　⑦**新建路径**：点击该按钮，则会新建路径图层。

　　⑧**删除路径**：点击该按钮，则会删除路径图层。

　　⑨**路径面板菜单**：包括储存路径、删除路径、新建选区等内容。

4.4.2　路径面板的运用

　　案例：利用路径面板制作花边纹理（如图 4-57 所示）。

　　①导入素材，选择"图像"→"图像旋转"，参数为顺时针 90 度。使用文字工具，输入中文、英文或数字（如图 4-58 所示）。

　　②右键单击"lncm"文字图层，创建工作路径（如图 4-59 所示）。

图 4-56　　　　　　　　　　　　　　　　　　　图 4-57

图 4-58　　　　　　　　　　　　　　　　　　　图 4-59

　　③导入一个新的图形素材，解锁图层，将白色背景删除，进行编辑，定义画笔预设（如图 4-60 所示）。

图 4-60

④选择画笔工具（快捷键：B），调整画笔的大小，并调整画笔间距（如图 4-61 所示）。

⑤在文字图层上新建图层（如图 4-62 所示），右键单击路径面板，点选"描边路径"（如图 4-63 所示），选择画笔工具（如图 4-64 所示）。

⑥给予任意图层样式（如图 4-65 所示）。

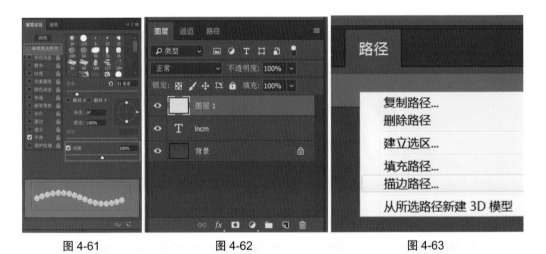

图 4-61   图 4-62   图 4-63

图 4-64   图 4-65

第 2 篇　应用篇

第 5 章 Photoshop 室内效果图后期实用技法

通过本章的学习,读者可以掌握室内家装平面布置图后期制作、室内工装平面布置图后期制作、室内立面图后期制作、室内效果图后期制作、室内鸟瞰效果图后期制作以及室内分析图后期制作的方法。

5.1 效果图制作相关命令

在进行室内、室外效果图后期制作之前,要熟悉一些工具栏以外的后期制作的相关命令。

5.1.1 曲线(Ctrl+M)

曲线是帮助调整明暗、对比、色彩的命令。

①在曲线的横轴和纵轴上都有由暗到亮的渐变条,代表的是照片中的暗部到亮部(如图 5-1 所示)。曲线左下角有"输入"和"输出"的选项,"输入"可以简单地理解为将图像变暗,"输出"可以理解为将图像变亮。调整"输入""输出"的控制点可让图像发生不同的变化。当在"输入"中输入数值或向右拖曳控制点后,图像整体颜色变暗(如图 5-2 所示);相反,当在"输出"中输入数值或向上拖曳控制点后,图像整体颜色变亮(如图 5-3 所示)。

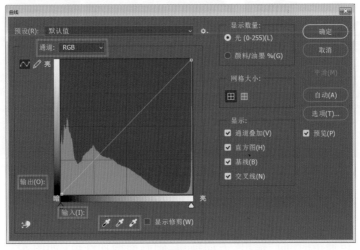

图 5-1

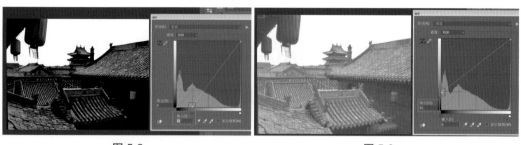

图 5-2　　　　　　　　　　　　　　　　图 5-3

　　将曲线往"输出"的方向拖曳时,可以整体调亮图像(如图 5-4 所示),反之将曲线向"输入"的方向拖曳时,则会调暗画面(如图 5-5 所示)。

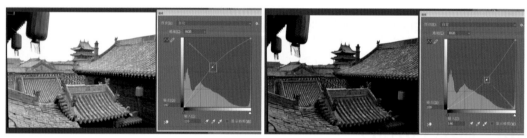

图 5-4　　　　　　　　　　　　　　　　图 5-5

　　也可以将处于亮处的曲线往"输出"方向拖曳,将处于暗处的曲线往"输入"方向拖曳,这样可以将亮部调亮,将暗部调暗(如图 5-6 所示)。

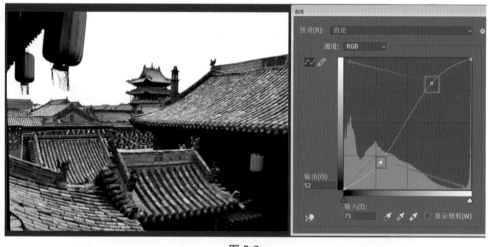

图 5-6

　　②通道 RGB 也可以调整色相,即可以根据图中出现的 R(红色)、G(绿色)、B(蓝色)进行单独色相的调整。

　　·当选择红色通道时,向"输出"方向拖曳,则画面增加红色(如图 5-7 所示),反之,向"输入"方向拖曳,则画面会增加绿色(如图 5-8 所示)。

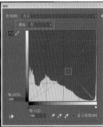

图 5-7   图 5-8

·当选择绿色通道时,向"输出"方向拖曳,则画面增加绿色(如图 5-9 所示),反之,向"输入"方向拖曳,则画面会增加紫色(如图 5-10 所示)。

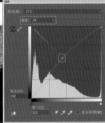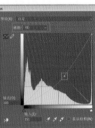

图 5-9   图 5-10

·当选择蓝色通道时,向"输出"方向拖曳,则画面增加蓝色(如图 5-11 所示),反之,向"输入"方向拖曳,则画面会增加黄色(如图 5-12 所示)。

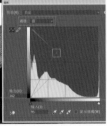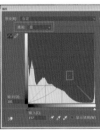

图 5-11   图 5-12

③曲线面板吸管工具,分为黑、灰、白三种,用不同颜色的吸管分别在图像上点击,意味着将点击处的像素作为纯黑、纯灰、纯白。不过有可能造成图像的原色调偏差,事实上它们也是经常被用来修正色偏的工具。选择最暗的吸管,点击图像中最暗的位置,可以将暗的区域变得更暗;选择最亮的吸管,点击图像中最亮的位置,可以将亮的区域变得更亮。

·点击暗色吸管,再点击画面中最暗的部位就能将画面变得更暗(如图 5-13 所示)。

·点击亮色吸管,再点击画面中最亮的部位可以提高亮度(如图 5-14 所示)。

·点击灰色的吸管,灰色吸管用于补色,点击暖色补冷色,点击冷色补暖色(如图 5-15 所示)。

图 5-13　　　　　　　　图 5-14　　　　　　　　图 5-15

5.1.2　色阶（Ctrl+L）

色阶是用直方图描述整张图片的明暗信息的命令。

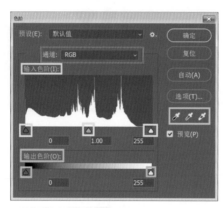

图 5-16

①通道，可选择 RGB 全图或红、绿、蓝三色通道（如图 5-16 中的红色方框所示），可以分别调整不同颜色像素的明暗分布，可以增加对应色彩或其互补色的图片亮度。

②输入色阶，主要指对比度。黑色三角代表最暗的地方（纯黑），白色三角代表最亮的地方（纯白），灰色三角代表中间调（如图 5-16 中的黄色方框所示）。

•选择红色通道，将黑色三角向中间移动，则加深画面中的红色区域；将白色三角向中间移动，则提亮画面中的红色区域（如图 5-17 所示）。

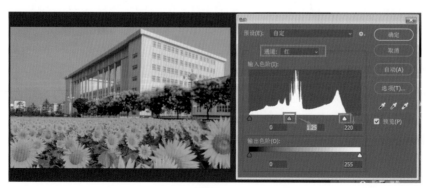

图 5-17

·同理,选择绿色通道,将黑色三角向中间移动,则加深画面中的绿色区域;将白色三角向中间移动,则提亮画面中的绿色区域(如图 5-18 所示)。

图 5-18

·将"输入色阶"左边的黑色滑块往右拖动,图像会变暗(如图 5-19 所示);将右边的白色滑块向左拖动,图像会变亮(如图 5-20 所示);同时将黑色滑块和白色滑块向中间拖动,图像对比度会增大(如图 5-21 所示)。

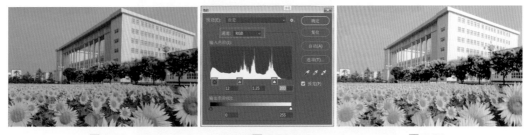

图 5-19　　　　　　　　　图 5-20　　　　　　　　　图 5-21

③输出色阶,主要指亮度。将"输出色阶"中的黑色滑块往右拖动,图像变亮(如图 5-22 所示);将白色滑块往左拖动,图像变暗(如图 5-23 所示)。

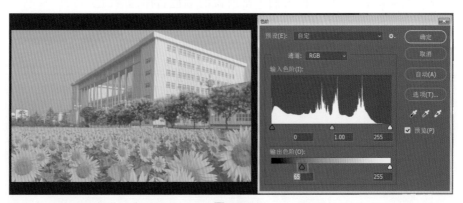

图 5-22

④色阶"吸管"用法同曲线面板"吸管"用法。

图 5-23

5.1.3　色相/饱和度(Ctrl+U)

色相/饱和度是调整图像中特定颜色范围的色相、饱和度和明度,或同时调整图像中的所有颜色的命令(如图 5-24 所示)。

图 5-24

①色相是色彩的基本属性,即人们平常所说的颜色名称,如红色、黄色、绿色、青色、蓝色、洋红色等。通过调整色相,可以改变人们对图像的色彩感知。选择"全图",则可同时改变整个图像的色彩感知(如图 5-25 所示)。

图 5-25

例如:选择"全图"层级下的"青色"色彩,则可调整画面中出现的青色色彩的色相;滑动"色相"滑块,只会改变画面中青色色彩的色相(如图 5-26 所示)。

图 5-26

②饱和度指色彩的纯度,饱和度越高,色彩越纯、越浓(如图 5-27 所示),饱和度越低,则色彩越灰、越淡(如图 5-28 所示)。

图 5-27

图 5-28

③明度指色彩的明亮程度。明度越高,则色彩加白越多(如图 5-29 所示);明度越低,则色彩加黑越多(如图 5-30 所示)。

图 5-29　　　　　　　　　　　　　　　　图 5-30

5.1.4　色彩平衡(Ctrl+B)

色彩平衡是用于矫正图片偏色的命令,它是用补色的原理来调色的。色彩平衡可以更改图像的总体颜色混合,是 PS 图像处理中一个重要的环节(如图 5-31 所示)。

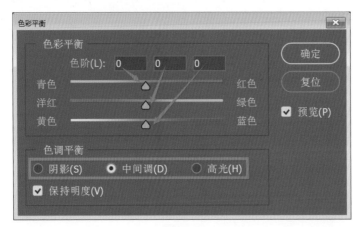

图 5-31

①阴影:调整画面中色彩最暗的部分。

②中间调:调整画面中色彩相对中和的部分。

③高光:调整画面中色彩最亮的部分。

选择"阴影""中间调"或"高光",可调整色彩的偏色补色以降低图像的偏色,让图片的色彩回归正常(如图 5-32 所示)。

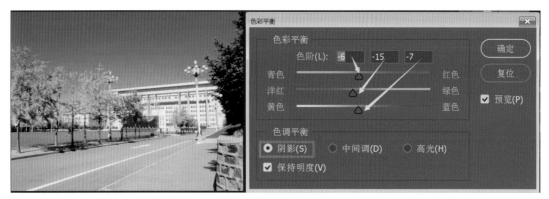

图 5-32

5.1.5　亮度/对比度

亮度/对比度是用于调整图片的整体明暗、对比度的命令（"图像"→"调整"→"亮度/对比度"）。当照片较暗时，就需要提高照片的亮度，当照片比较模糊时，就需要增加照片的对比度，这样照片就会变得相对清晰（如图 5-33 所示）。

图 5-33

①亮度，当滑块向右滑动时，图像会整体变亮（如图 5-34 所示）；当滑块向左滑动时，图像会整体变暗（如图 5-35 所示）。

图 5-34　　　　　　　　　　　　　图 5-35

②对比度，当滑块向右滑动时，图像的对比度会整体增加（变清晰）（如图 5-36 所示）；当滑块向左滑动时，图像的对比度会整体降低（变模糊）（如图 5-37 所示）。

图 5-36　　　　　　　　　　　　　　　图 5-37

5.1.6　阴影/高光

阴影/高光是用于调整图像中的阴影和高光部分的亮度、暗度的命令("图像"→"调整"→"阴影/高光")(如图 5-38 所示)。

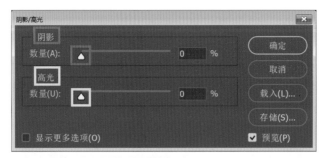

图 5-38

①调整阴影,将滑块向右滑动(如图 5-39 所示),则图像中的阴影部分会变亮(如图 5-40 所示)。

图 5-39　　　　　　　　　　　　　　　图 5-40

②调整高光,将滑块向右滑动(如图 5-41 所示),则图像中的高光部分会变暗(如图 5-42 所示)。

图 5-41　　　　　　　　　　　　　　　图 5-42

5.2 室内家装平面布置图后期制作

室内家装的彩色平面图一般分为两种类型:第一种,家具及地面铺装均给予材质贴图(如图 5-43 所示);第二种,家装的地面铺装给予材质贴图,强化地面材质,弱化家具材质(如图 5-44 所示)。

图 5-43

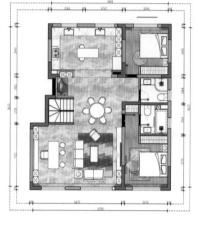

图 5-44

第二种平面布置图的后期制作步骤如下。

①将 AutoCAD 软件导出的 A3 尺寸的 PDF 素材导入 PS,得到一张没有背景、只有线稿的文件(如图 5-45 所示)。利用裁剪工具,将中心虚线内的部分留下(如图 5-46 所示),然后在得到图层下创建一个填充为白色的新图层,即可得到一张线稿与背景分离的 CAD 图(如图 5-47 所示)。

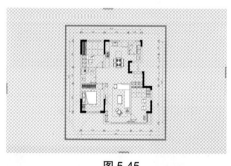

图 5-45

图 5-46

图 5-47

②新建图层,命名为"灰色墙面"(如图 5-48 所示)。将非承重墙用灰色进行填充(利用灰色是为了与承重墙的色彩分开,同时也是为了不影响空间的色调)。做法:利用魔棒工具,在图层 1 上选择非承重墙的墙面区域,在"灰色墙面"图层中,给予灰色(留出窗户及过门石的位置)(如图 5-49 所示)。

图 5-48

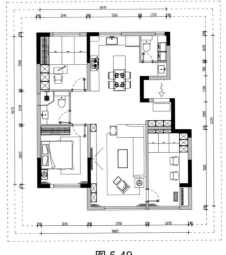
图 5-49

　　③绘制过门石。选择"黑色理石素材",导入 PS 中(不加载到平面图中)(如图 5-50 所示),编辑菜单栏,定义图案(如图 5-51 所示)。回到平面图中,新建图层,命名为"过门石"(如图 5-52 所示)。在图层 1 中利用魔棒工具选取过门石的位置,也可以在魔棒命令下,在状态栏勾选"对所有图层取样",即可到任何图层中选取过门石的位置。在过门石图层中给予一个颜色填充,颜色切记不要太鲜艳,尽量与要被填充的过门石的色彩相近;在过门石图层,设置图层混合,fx 选择"图案叠加",选择黑色理石素材(如图 5-53 所示)。如果黑色过门石不明显,则需要在混合模式中选择"强光",也可以修改缩放比例调整素材大小以达到最满意的效果(如图 5-54 所示)。

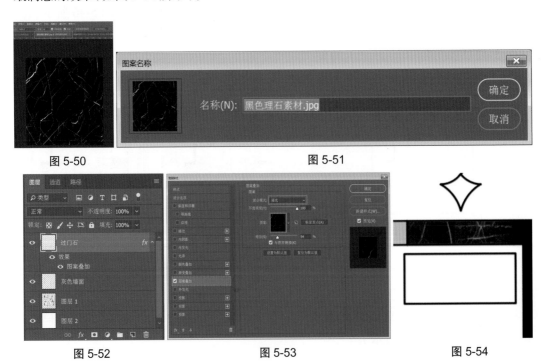

图 5-50

图 5-51

图 5-52　　　　　　　　　　图 5-53　　　　　　　　　　图 5-54

④填充地面。客厅、餐厅、走廊等公共区域填充地面理石贴图；卧室、书房等私密区域填充木材贴图；卫生间区域填充防水石材贴图。

将地面理石素材、木材素材、防水石材分别导入 PS 中，并分别定义图案，新建图层名为"客餐厅""卧室书房""卫生间"，并填充相应颜色后给予图案叠加，选择不同的混合模式、图案及缩放。"客餐厅"材质如图 5-55 所示，"卧室书房"材质如图 5-56 所示，"卫生间"材质如图 5-57 所示。

图 5-55　　　　　　　图 5-56　　　　　　　图 5-57

⑤填充地毯有两种做法。第一种：当地面上绘制有地毯的区域线时，需要对地毯的素材定义图案，用制作地面砖的方法填充到地毯的区域线中（如图 5-58、图 5-59 所示）。

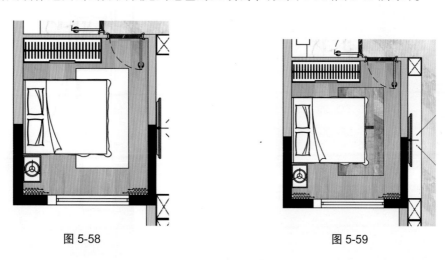

图 5-58　　　　　　　图 5-59

第二种：当地面没有地毯的区域线时，则需要直接将素材导入平面图，缩小素材（快捷键：Ctrl+T），将其放到理想的位置（如图 5-60 所示）；利用蒙版工具将多余的地方去掉（如图 5-61 所示）；为了使此地毯与其他地毯保持一致，最后要给予此地毯一个黑色描边（如图 5-62 所示）。

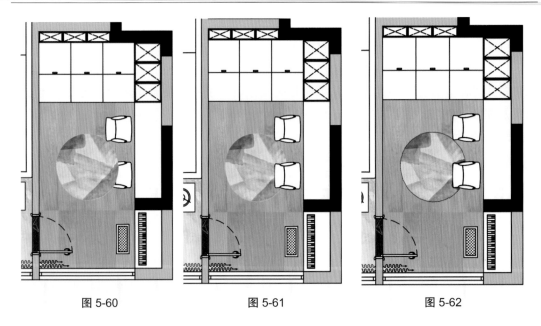

图 5-60　　　　　　　　　图 5-61　　　　　　　　　图 5-62

⑥制作灯光。选择渐变工具,做一个黄色完全不透明到黄色完全透明的渐变(如图 5-63 所示),新建一个名为"灯光"的图层,在台灯的位置处做一个径向渐变(如图 5-64 所示)。

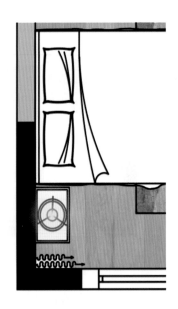

图 5-63　　　　　　　　　　　　　　　　　　图 5-64

⑦电视效果。选择渐变工具,做一个蓝色完全不透明到蓝色完全透明的渐变(如图 5-65 所示),新建一个名为"电视光"的图层,在电视前沿着电视放映的角度做一个三角形选区,进行渐变的制作(如图 5-66 所示)。

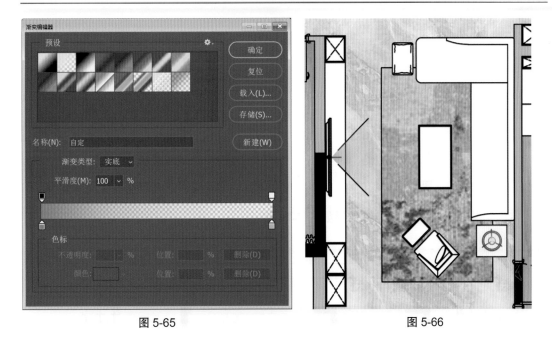

图 5-65　　　　　　　　　　　　　　　　　图 5-66

⑧此外,可以添加一些细节。例如对大面积的空白家具,可以利用透明度设计一些材料,但是不要影响主体地面材料的效果(如图 5-67 所示)。

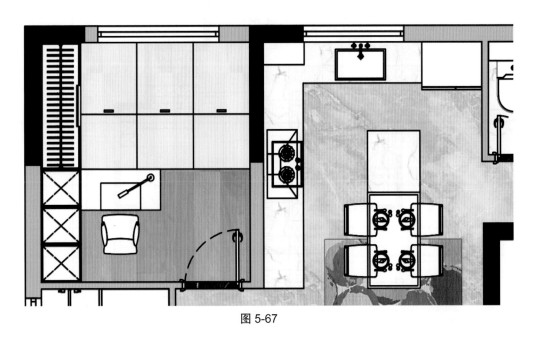

图 5-67

⑨制作窗户效果。新建一个名为"窗户光"的图层,在窗户的位置做白色完全不透明到白色完全透明的渐变(如图 5-68 所示),增加空间氛围感(如图 5-69 所示)。

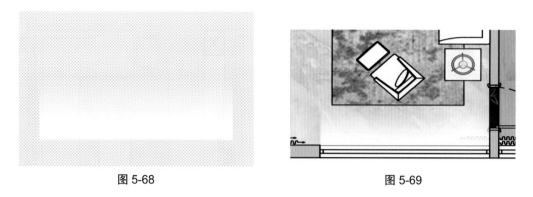

图 5-68   图 5-69

室内家装平面布置图的最终效果如图 5-70 所示。

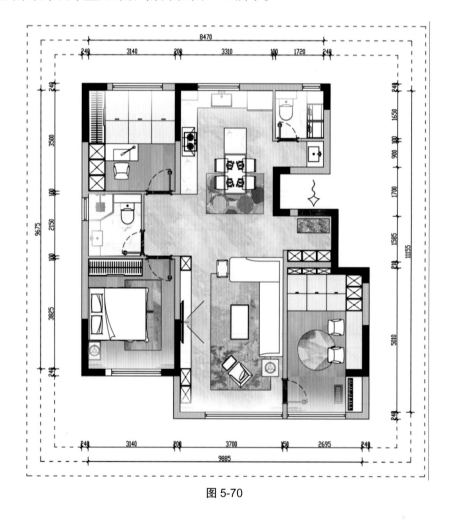

图 5-70

5.3   室内工装平面布置图后期制作

此室内工装是奇妙之旅早教中心的一层平面布置图设计,因为空间性质是为儿童准备的空间,所以在进行设计制作时要保持明亮、简洁、趣味性的制作特点。

①将 PDF 素材导入 PS 中,并在原图层下新建一个白色图层作为背景图层(如图 5-71 所示)。同时在导入的 PDF 图层上新建一个空白图层,命名为"墙体图层"(如图 5-72 所示),并填充墙体(如图 5-73 所示)。

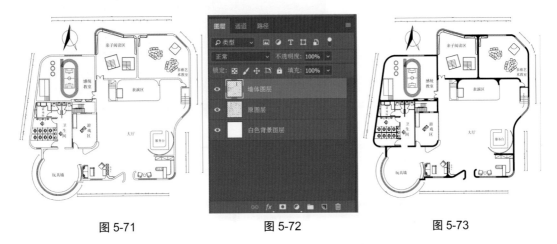

图 5-71　　　　　　　　　图 5-72　　　　　　　　　图 5-73

②制作窗户效果。为了凸显早教中心的活泼性,在进行墙体玻璃的色彩填充时,可采用渐变式的设计方法。新建一个图层,命名为"窗户图层"。创建一个蓝色完全不透明到黑色完全透明的渐变(黑色是为了与填充的黑色墙体保持色彩的一致性)(如图 5-74 所示),用魔棒工具选中玻璃最中心的区域,进行玻璃的色彩渐变填充(如图 5-75 所示)。

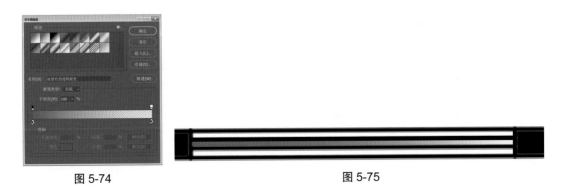

图 5-74　　　　　　　　　　　　　　　　图 5-75

③制作地面铺装。对公共活动区域进行地面铺装,新建名为"公共活动区域"的地面图层,采用 PVC 地板进行地面铺设(如图 5-76 所示)。拖曳 PVC 地面素材到 PS 界面中,在"编辑"中定义图案;回到"公共活动区域"地面图层,填充颜色,fx 图层样式选择"图案叠加",选择地面素材,修改缩放比例(如图 5-77 所示)。公共活动区域地面效果如图 5-78 所示。

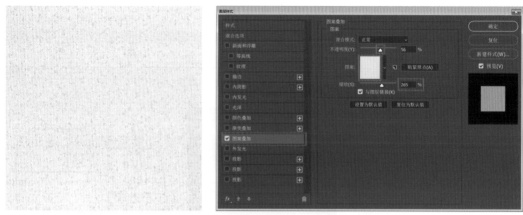

图 5-76   图 5-77

图 5-78

对独立的授课区域以及表演、游戏区进行地板的铺设。新建名为"独立授课区域"的地面图层(如图 5-79 所示)。拖入地面素材,在"编辑"中选择"定义图案",填充颜色,选择图案叠加(如图 5-80 所示)和颜色叠加(偏黄一点的色彩,让空间活泼一些)(如图 5-81 所示),选择地面素材,修改缩放比例(如图 5-82 所示)。

图 5-79

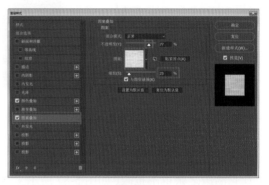

图 5-80

图 5-81

图 5-82

④制作儿童空间家具效果。针对儿童活动空间的设计,颜色应活泼且亮丽,到目前为止,在平面图中还没有出现亮丽的色彩,在家具填色的过程中,可以挑选色彩亮丽的颜色进行填充。

新建名为"红色家具""蓝色家具""黄色家具"的新图层,用红、黄、蓝三色有选择性地进行家具的色彩填充(如图 5-83 所示)。

fx 图层样式选择"投影",让空间变得更立体(如图 5-84 所示)。

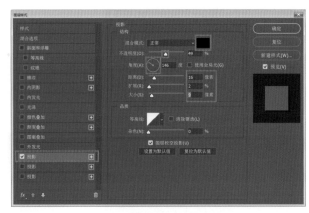

图 5-83　　　　　　　　　　　　　　　　　图 5-84

　　⑤添加细节。例如，在室外，增加一些绿植，让空间变得更活泼（如图 5-85 所示）。修改绿植的不透明度，营造通透的氛围，若绿植的色彩太突兀，可以降低饱和度（如图 5-86 所示），让它活泼之余也不抢眼（如图 5-87 所示）。添加绿植的效果如图 5-88 所示。

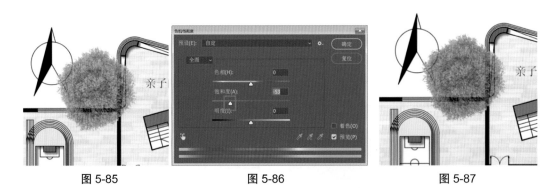

图 5-85　　　　　　　　　　图 5-86　　　　　　　　　　图 5-87

图 5-88

还可以导入儿童立面素材（如图 5-89 所示），渲染空间气氛，让空间更具活泼性（如图 5-90 所示）。

图 5-89

图 5-90

⑥增加墙面长阴影调整空间气氛。利用插件 LONG SHADOW GENERATOR 增加长阴影。将填充的墙面图层进行复制（如图 5-91 所示），得到新图层"墙体图层 拷贝"，将此新

图层放到所有图层的最上面(如图 5-92 所示);选择"窗口"→"扩展功能"→"长阴影 LONG SHADOW GENERATOR",按照图 5-93 所示的参数调整长阴影,得到的效果如图 5-94 所示。

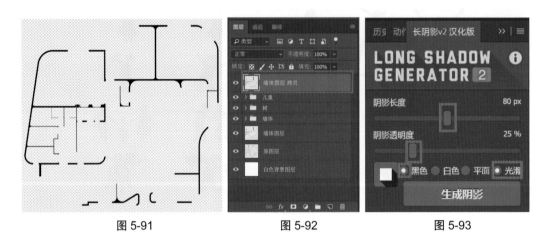

图 5-91　　　　　　　　　　图 5-92　　　　　　　　　　图 5-93

图 5-94

⑦制作树木阴影。把所有的树木图层拖入一个新的组里(如图 5-95 所示),命名为 "树",单击"树"组图层的右键,点击"转换为智能对象"(如图 5-96 所示)。选择长阴影命 令或 *fx* 中的"投影"命令,让树木也变得更真实。阴影的大小设为 0,让阴影边界更硬朗(如

图 5-97 所示）。

图 5-95　　　　　　　　图 5-96　　　　　　　　　　　　图 5-97

奇妙之旅早教中心一层平面布置图的最终效果如图 5-98 所示。

图 5-98

5.4　室内立面图后期制作

在进行室内立面图的设计与制作时主要考虑以下几项内容:立面墙面材料、光影效果、软装搭配。立面图相对于平面图来说,绘制较为简单,关键的软装搭配也需要后期制作去完成。

①将 CAD 素材导入 PS 中,在得到图层的下方创建一个填充为白色的新图层,即可得到一张线稿与背景分离的 CAD 图(如图 5-99 所示)。

图 5-99

②制作室内墙体。利用魔棒工具在"CAD 图层 1"中选择"墙体区域"对应的选区,新建图层,命名为"黄色墙"(如图 5-100 所示),填充浅黄色或选择"图案叠加"制作壁纸(如图 5-101 所示)。

图 5-100

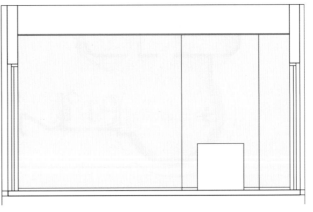

图 5-101

③制作建筑结构墙体。家装立面建筑空间,可以利用渐变工具制作,增加立面图的层次感。新建图层,命名为"顶棚"。创建灰色完全不透明到灰色完全透明的渐变,或做一个黑

色完全不透明到黑色完全透明的渐变,拖曳渐变之后设置不透明度(如图 5-102 所示)。呈现效果如图 5-103 所示。

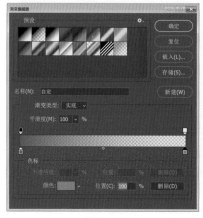

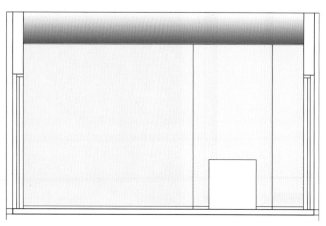

图 5-102　　　　　　　　　　　　　　　　图 5-103

新建图层,命名为“地面”(如图 5-104 所示),将承重墙、地面给予偏暗的颜色,避免呈现出“头重脚轻”的效果(如图 5-105 所示)。

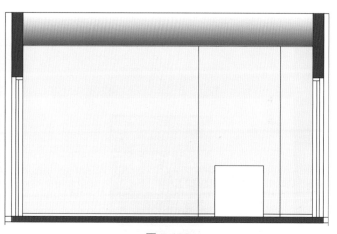

图 5-104　　　　　　　　　　　　　　　　图 5-105

④制作玻璃、窗框、踢脚线。立面图中出现的窗框、踢脚线的材质和色彩需结合空间装饰的风格及材料来绘制完成。新建图层,命名为“窗框”,将窗框的材料贴图拖入 PS 中,在“编辑”中定义图案。用魔棒工具选择要被填充的窗框区域,填充颜色,选择“图案叠加”(如图 5-106 所示)。新建图层,命名为“玻璃”,选择玻璃区域,填充偏灰的浅蓝色(如图 5-107 所示),再给予“内阴影”图层样式,让玻璃变得立体(如图 5-108 所示)。

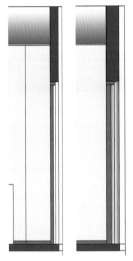

图 5-106　　图 5-107　　　　　　　　　　　　　　　　图 5-108

⑤制作挂画。将挂画的素材导入 PS 中,并放到相应的位置上,顶部位置均保持在一条水平线上(如图 5-109 所示)。若导入的挂画没有画框,则在 *fx* 图层样式中选择"描边"(如图 5-110 所示)及投影(投影在 90 度的位置,因为挂画上面有灯具照明,会呈现出阴影的效果)(如图 5-111 所示)。

图 5-109

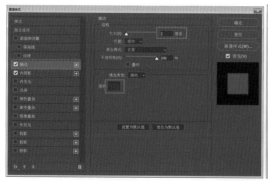
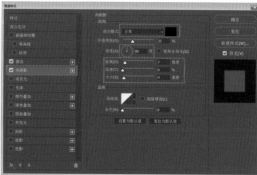

图 5-110　　　　　　　　　　　　　　　　　　　图 5-111

⑥制作软装搭配。利用抠图工具,将软装家具沙发(如图 5-112 所示)、斗柜(如图 5-113 所示)、灯具(如图 5-114 所示)等素材经过抠图后导入图像中。利用自由变换工具(快捷键:Ctrl+T)进行放大或缩小,找到合适的位置。如果遇到透视存在问题的素材,则需要修改透视,变成平视视角。如图中的灯具底座呈现透视(如图 5-115 所示),将底座删除给予一个没有透视的底座(黑色矩形)(如图 5-116 所示)。

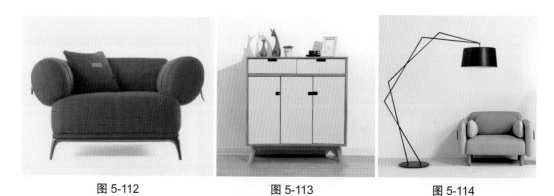

图 5-112　　　　　　　　　　　图 5-113　　　　　　　　　　　图 5-114

图 5-115　　　　　　　　　　　　　　　　　　　图 5-116

　　调整灰色沙发的色彩平衡（如图 5-117 所示）。让沙发呈现和背景挂画相同的色相（如图 5-118 所示）。继续调整其亮度/对比度（如图 5-119 所示），让沙发的色彩更加亮丽（如图 5-120 所示）。斗柜需调整曲线参数（如图 5-121 所示），让其亮度符合空间氛围（如图 5-122 所示）。

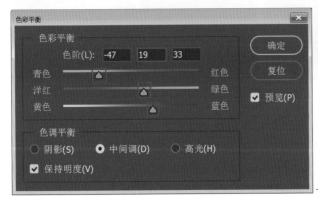

图 5-117

图 5-118

图 5-119

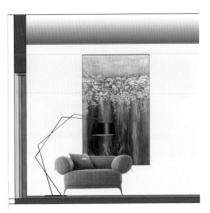

图 5-120

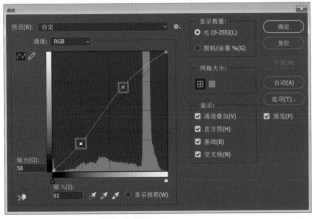

图 5-121

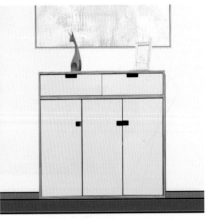

图 5-122

⑦制作灯具与光影。吊灯灯具的模型是由黑色矩形组成的(如图 5-123 所示)。

制作吊灯光影:新建图层,创建一个选区,给予灯光颜色(黄色)(如图 5-124 所示),选择"外发光"(如图 5-125 所示),如果光影太大,则需要使用自由变换工具(快捷键:Ctrl+T),缩放到合适的大小(如图 5-126 所示)。

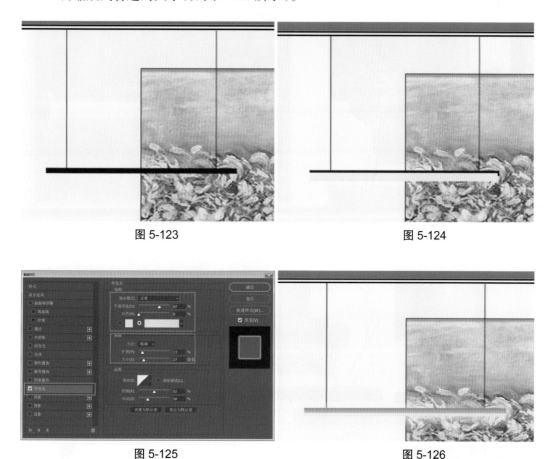

图 5-123

图 5-124

图 5-125

图 5-126

制作落地灯光影:新建图层,选择套索工具,给予羽化值 30 像素,在落地灯下绘制一个如图 5-127 所示的图形,给予一个由黄色完全不透明到黄色完全透明的渐变,在新建图层上由上到下拖曳出渐变(如图 5-128 所示)。修改光影图层的不透明度,如果拖曳的渐变颜色偏黄(如图 5-129 所示),则可以利用色相/饱和度工具去修改其饱和度(如图 5-130 所示)。

同理,在右侧挂画的上方模拟一个射灯的照射光影。新建图层,选择套索工具,羽化值设置为 10 像素,绘制一个三角形(如图 5-131 所示),再拖曳出一个由白色完全不透明到白色完全透明的渐变,并修改其图层的透明度(如图 5-132 所示)。

图 5-127

图 5-128

图 5-129

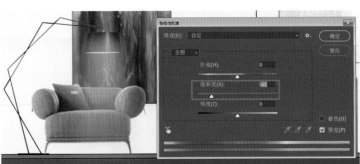

图 5-130

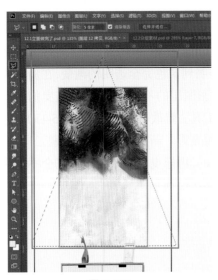

图 5-131

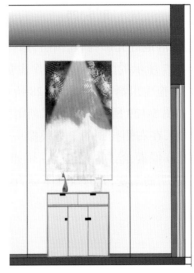

图 5-132

⑧墙面细节的设置。新建图层,利用渐变增加墙面的前后关系以及层次感。做一个灰色半透明到灰色完全不透明的渐变(如图 5-133、图 5-134 所示),然后将此渐变复制移动到所有的顶棚、立面墙的墙角处(如图 5-135 所示)。

图 5-133　　　　　　　　　　　　　　　　图 5-134

图 5-135

⑨窗外光影制作。新建图层,利用渐变工具,拖曳出一个由白色半透明到白色完全透明的渐变(如图 5-136 所示),若光影太重,可修改其图层的透明度(如图 5-137、图 5-138 所示)。

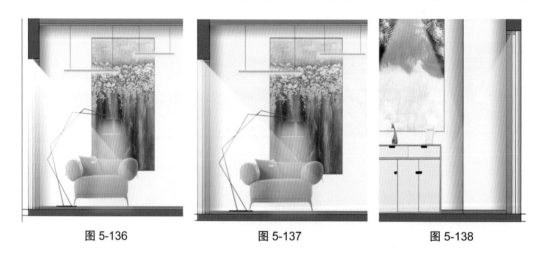

图 5-136   图 5-137   图 5-138

室内立面图的最终效果如图 5-139 所示。

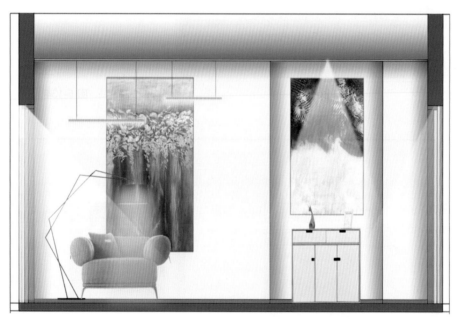

图 5-139

5.5   室内效果图后期制作

在进行后期效果图制作的时候,一般采取"整体—局部—整体"的制作原则。即:先进行整体的曲线或色阶的调整,然后利用通道图层单独选择要被修改的区域进行局部的后期调整,最后再利用色阶或曲线去整体调整图像。

①导入图像。将效果图导入 PS 中（如图 5-140 所示），再导入通道图层（如图 5-141 所示），然后再将原始效果图复制一个副本，拖曳到最上面的位置（如图 5-142 所示）。

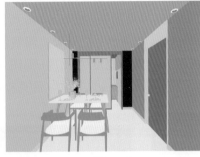

图 5-140　　　　　　　　　　图 5-141　　　　　　　　　图 5-142

②整体调整。选择曲线命令（快捷键：Ctrl+M）进行调整（如图 5-143 所示），不要一次调整到位，要调整两次甚至更多次，调整一次的效果如图 5-144 所示，调整三次后的效果如图 5-145 所示，只调整一次可能发生曝光。然后适当增加对比度。

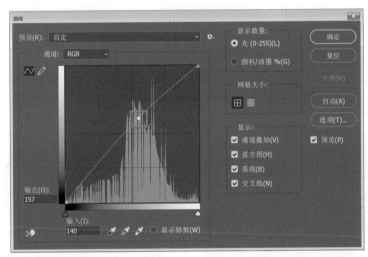

图 5-143

图 5-144　　　　　　　　　　　　　图 5-145

③局部调整。当将整体色调调至"不黑"的情况后,需要观察此图的偏色情况,此图偏向黄色,显得色调很"脏",同时室内也显得稍微偏暗,需要依次调整局部。局部调整的步骤为:先利用魔棒工具在通道图层选取相关区域(例如吊顶),然后点选到背景拷贝图层,进行复制(快捷键:Ctrl+J),得到吊顶图层(如图 5-146 所示)。然后将吊顶图层进行曲线调整(快捷键:Ctrl+M)使其变亮(如图 5-147 所示),调整色彩平衡(快捷键:Ctrl+B),减少红色及黄色(如图 5-148 所示),再调整亮度/对比度(如图 5-149 所示),得到一张颜色较线的吊顶(如图 5-150 所示)。局部调整之后的吊顶与周围未调整的墙面的对比如图 5-151 所示。

图 5-146

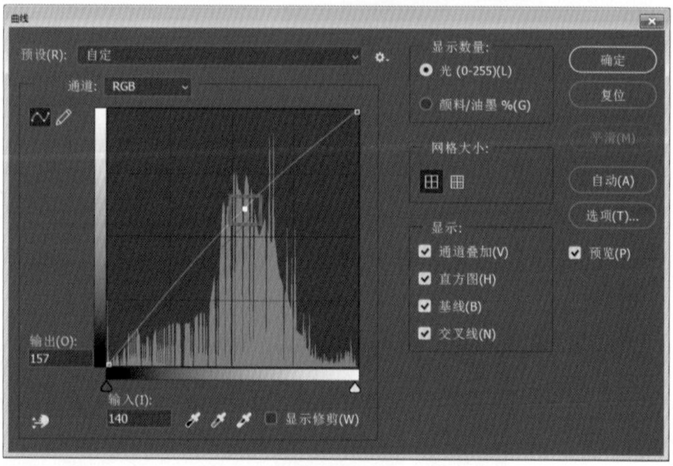

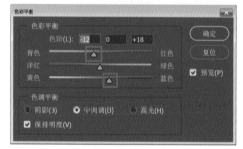

图 5-147

图 5-148

图 5-149

图 5-150

图 5-151

继续用上述方法,依次调整右侧墙面、厨房及玻璃门以及餐桌左侧的挂画墙面。

调整右侧墙面。在进行调整的过程中尽量不要隐藏已经调整的顶棚,避免出现色调不统一的情况。创建右侧墙面图层(如图 5-152 所示),调整曲线(如图 5-153 所示),调整色彩平衡(如图 5-154 所示),调整亮度/对比度(如图 5-155 所示)。调整后的效果如图 5-156所示。

图 5-152

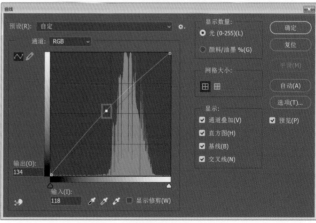

图 5-153

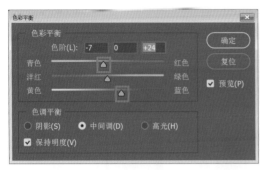

图 5-154

图 5-155

图 5-156

　　调整厨房及玻璃门。使用魔棒工具做选区的加法,将玻璃门及玻璃门后的厨房一起选中进行调整(如图 5-157 所示)。先调整曲线两次(让厨房位置整体变亮)(如图 5-158 所示),调整色彩平衡一次(调整偏色情况,将红色、黄色的偏色往下降)(如图 5-159 所示),全图调整色相/饱和度一次(因为窗外景色类似傍晚的感觉,所以整体偏夕阳红色调,先调整整体色相)(如图 5-160 所示),调整红色饱和度一次(降低窗外景色偏夕阳红的色彩感觉),(如图 5-161 所示),调整后的效果如图 5-162 所示。

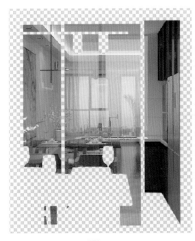

图 5-157

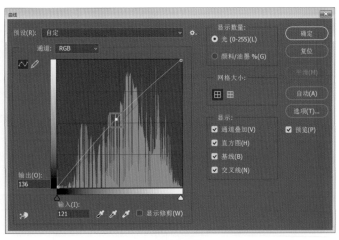

图 5-158

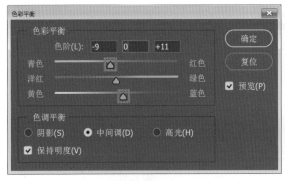

图 5-159

图 5-160

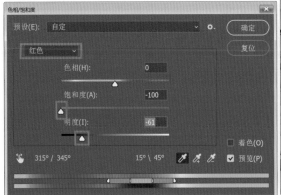

图 5-161

图 5-162

　　调整左侧墙面。创建左侧墙面图层(如图 5-163 所示),调整曲线两次(调整明暗)(如图 5-164 所示),调整亮度/对比度(左侧墙面是偏黄色的墙纸,调整亮度及对比度就是将其本身墙纸的黄色凸显出来)(如图 5-165 所示),调整"全图"状态下的色相/饱和度中的饱和度及明度(让黄色壁纸的饱和度和明度与周围墙面统一)(如图 5-166 所示)。

图 5-163

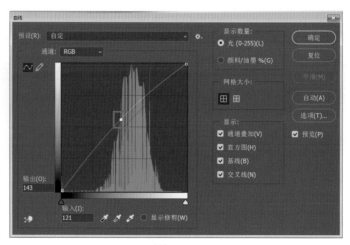

图 5-164

图 5-165

图 5-166

　　左侧墙面由于有黄色壁纸,虽然经过亮度、对比度、色相等命令的调整,但是还是稍显平淡(如图 5-167 所示)。根据光照的角度,在"左墙面"图层的上方新建一个图层,设置一个天光的渐变(由浅蓝色完全不透明到浅蓝色完全透明的渐变)(如图 5-168 所示),创建剪切蒙版(快捷键:Ctrl+Alt+G),并选择"线性减淡",不透明度设为 52%(如图 5-169 所示),得到一个具有天光渐变的墙面(如图 5-170 所示)。

图 5-167

图 5-168

图 5-169

图 5-170

④调整地面。利用魔棒工具选择地面,在背景拷贝图层,按 Ctrl+J 进行复制(如图 5-171 所示),调整曲线(如图 5-172 所示)及色相/饱和度(如图 5-173 所示),将地面的偏色进行调整。调整亮度/对比度(如图 5-174 所示),增加地面纹理效果(如图 5-175 所示)。

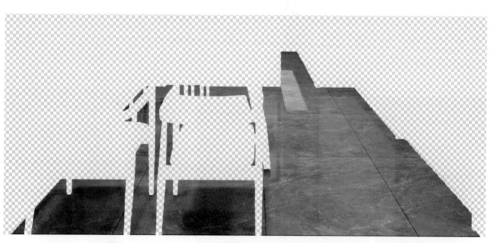

图 5-171

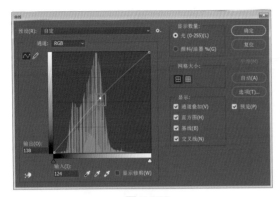

图 5-172

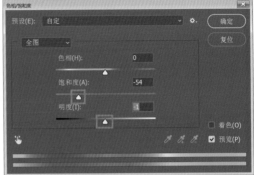

图 5-173

图 5-174

图 5-175

利用快速蒙版工具调整地面的趋光性(靠近窗户的地面亮,靠近摄像机的地面暗)。激活地面图层,点击快速蒙版工具(快捷键:Q),地面图层会变为红色(如图 5-176 所示)。选择黑色完全不透明到黑色完全透明的渐变(如图 5-177 所示),在地面上按照趋光性的角度进行渐变拖曳(如图 5-178 所示),图像会变成红色。然后再点击快速蒙版工具(快捷键:Q),选中在渐变中没有被拖曳到的区域(画面右下角)(如图 5-179 所示),按 Ctrl+Shift+I进行反选,选中画面左上角(如图 5-180 所示),再进行曲线调整 2~3 次,则会产生地面的趋光性(如图 5-181 所示)。

图 5-176

图 5-177

图 5-178

图 5-179

图 5-180

图 5-181

⑤修改挂画。到目前为止,画面中没有出现鲜艳的色彩,需要在挂画中为其添加一些色彩,让空间更美观。利用魔棒工具选取挂画,且新建挂画图层,将挂画素材拖入画面(图层命名为"挂画2")(如图 5-182 所示)。选择"编辑"→"透视变形",将新导入的挂画框选,然后勾选"变形" 版面 变形 (如图 5-183 所示),将新导入的挂画的四个顶点拖曳到原有挂画的四个顶点上(如图 5-184 所示),再点击确定 ↺ ⊘ ✓ (如图 5-185 所示)。得到的效果如图5-186 所示。

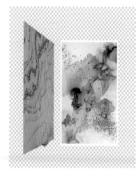

图 5-182

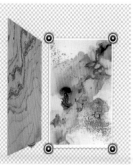

图 5-183

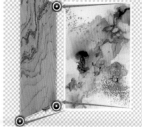

图 5-184

图 5-185

图 5-186

⑥调整家具。创建家具图层(如图 5-187 所示),利用曲线调整明暗两次,利用色相/饱和度调整色彩偏差(如图 5-188 所示)。

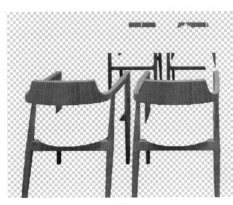

图 5-187   图 5-188

至此,空间中墙面的挂画、桌上的植物具有少量亮丽的色彩,可以再利用坐垫的色彩来进行空间亮丽氛围的营造。在通道图层中利用魔棒工具选择坐垫,在背景拷贝图层中复制该区域,并命名为"坐垫图层"。Ctrl+坐垫图层的缩略图,在坐垫图层上新建一个名为"颜色坐垫图层"的新图层(如图 5-189 所示),给予深蓝色(如图 5-190 所示),并给予柔光的图层模式(如图 5-189 所示),让坐垫变成蓝色(如图 5-191 所示)。

图 5-189   图 5-190   图 5-191

同理,对桌面、桌腿、餐盘、植物、门等其他家具也可进行细节的调整(如图 5-192 所示)。

图 5-192

⑦调整吊顶筒灯。图中筒灯内部的色彩偏暗(如图 5-193 所示),但是在墙面有光影,则需要对筒灯的内部进行调整。先将黑色筒灯内部用浅黄色填充,并选择 fx 图层混合选项为"外发光"(如图 5-194 所示),从而呈现出光影的效果(如图 5-195 所示)。

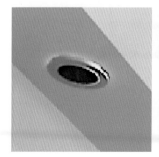  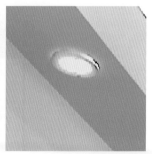

图 5-193   图 5-194   图 5-195

⑧效果图制作的最后一步要进行整体调整。将所有可见图层合并为一个图层（快捷键：Ctrl+Shift+Alt+E），命名为"最后微调图层"（如图 5-196 所示）。给予柔光，调整不透明度（如图 5-197 所示），并调整曲线，让图像对比更明显（如图 5-198 所示）。

图 5-196

图 5-197

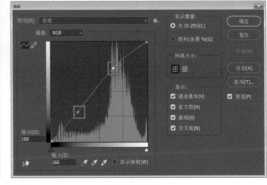
图 5-198

室内效果图的最终效果如图 5-199 所示。

图 5-199

5.6　室内鸟瞰效果图后期制作

观察奇妙之旅早教中心的室内鸟瞰效果图,发现此鸟瞰效果图呈现出图像灰度过重、对比不明显等特点(如图 5-200 所示)。要求根据相关的特点进行图像的后期制作。

①将效果图、通道、通道、效果图依次排列在图层中(如图 5-201 所示),按照"整体—局部—整体"的制作方法,先进行整体的曲线、亮度/对比度的调整(如图 5-202 所示),得到的效果如图 5-203 所示。

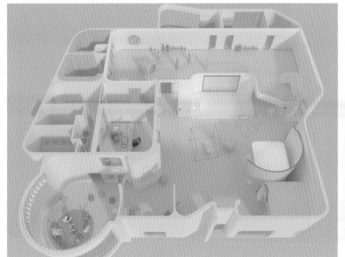

图 5-200　　　　　　　　　　　　　　　图 5-201

图 5-202

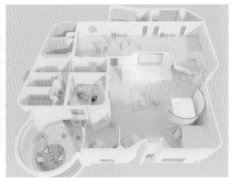

图 5-203

②调整局部。此鸟瞰图整体颜色偏浅,但亮度足够,在进行局部调整时先选择具有色彩趋向的部分进行色彩的调整。

选择空间中具有最大面积的黄色色彩倾向的木材部分进行图像的复制,命名为"木材图层"(如图 5-204 所示),调整亮度/对比度(如图 5-205 所示),进行色相/饱和度的修改(多次调整,每次少调,一点一点增加其色彩倾向)(如图 5-206 所示)。选择"图像"→"调整"→"阴影/高光",将其阴影变重,加大对比度(如图 5-207 所示)。同时,可以给予阴影部分色彩平衡(如图 5-208 所示),让其色彩饱和度更高(如图 5-209 所示)。

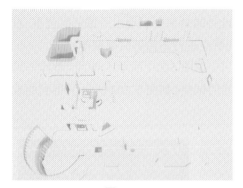

图 5-204

图 5-205

图 5-206

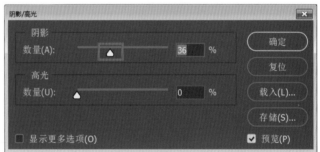

图 5-207

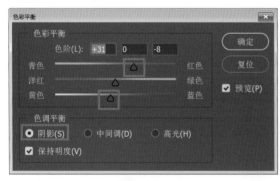

图 5-208

图 5-209

③调整本应该是亮丽色彩的局部色块。经过上述局部色块的整体调整之后发现,有些地方色彩饱和度仍然不够,例如左下角的绿色地毯区域(如图 5-210 所示)。单独选择左下角区域,进行饱和度及明度的调整(如图 5-211 所示),得到的效果如图 5-212 所示。调整一次不能让此绿色区域得到想要的效果,需要再次将绿色区域选中,调整色彩平衡(如图 5-213 所示)。得到的效果如图 5-214 所示。

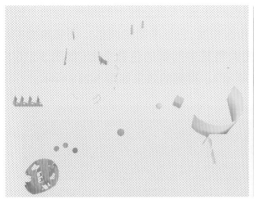

图 5-210

图 5-211

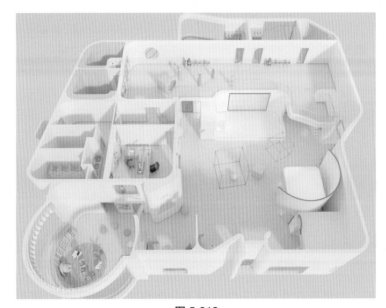

图 5-212

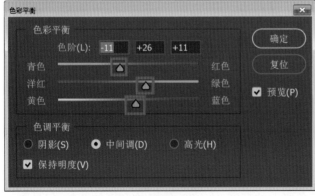

图 5-213

图 5-214

地毯上的玩具、地毯周围带颜色的圆垫、带颜色的沙发、大堂空间中的圆球、墙面上的圆球,均可以单独选取通道,复制图层单独进行色相/饱和度、色彩平衡的调整。例如画面中间色彩偏浅的两个蓝色玩具(如图 5-215 所示),先调整其中间调的色彩平衡(如图 5-216 所示),然后再调整其阴影的色彩平衡(如图 5-217 所示)。得到的效果如图 5-218 所示。

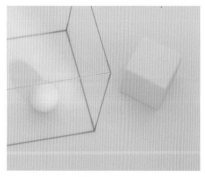

图 5-215

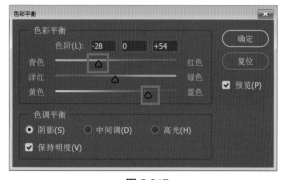

图 5-216

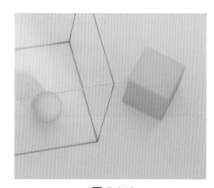

图 5-217

图 5-218

④调整地面。在将所有具有色彩倾向的部分调整之后,调整地面、墙面等白色的区域(如图 5-219 所示)。调整其亮度/对比度(如图 5-220 所示)。得到的效果如图 5-221 所示。

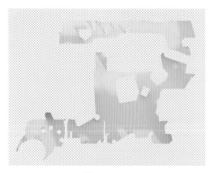

图 5-219

图 5-220

⑤经过上述内容,已经完成了画面色彩上的亮度/对比度、色相/饱和度的调整,但是画面仍然感觉比较平淡,因为画面中没有深颜色的元素,导入黑色的"人物素材"(如图 5-222 所

示），利用人物素材的黑色调整画面中过于平淡的色彩感觉（如图 5-223 所示）。

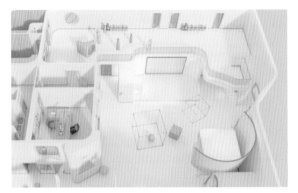

图 5-221

图 5-222

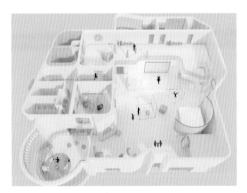

图 5-223

同理，增加画面中的层次感，将空间中立面的墙体选中（如图 5-224 所示），复制出一个新图层，进行长阴影的制作（如图 5-225 所示）。得到的效果如图 5-226 所示。

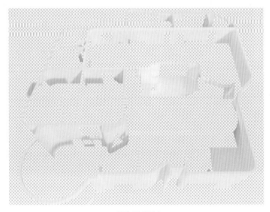

图 5-224

图 5-225

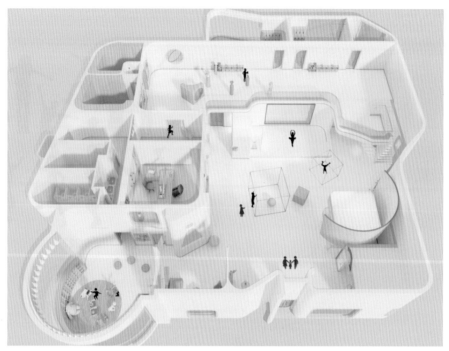

图 5-226

⑥调整整体。将所有可见图层合并成一个图层(快捷键:Ctrl+Shift+Alt+E),选择"颜色加深",调整透明度为 70% 左右(如图 5-227 所示),让画面对比更明显、色彩更丰富。当给予颜色加深之后,图像会变得偏暗,最后再整体调整,调整"图层 14"的曲线,让图层亮部更亮,暗部更暗(如图 5-228 所示)。

图 5-227

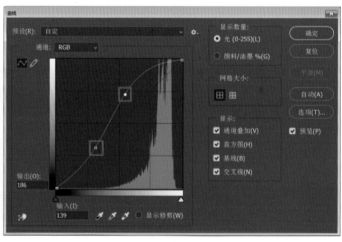

图 5-228

室内鸟瞰效果图的最终效果如图 5-229 所示。

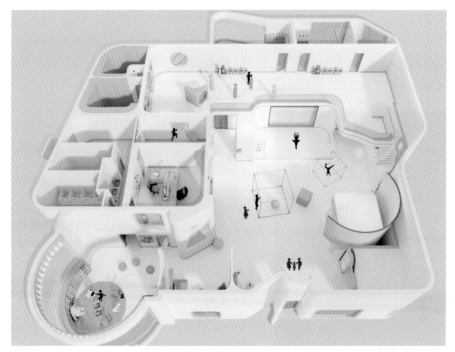

图 5-229

5.7 室内分析图后期制作

①将 AutoCAD 导出的"奇妙之旅早教中心"PDF 文件导入 PS 中,并在 PDF 原图层下新建一个图层,填充为白色作为背景(如图 5-230 所示)。

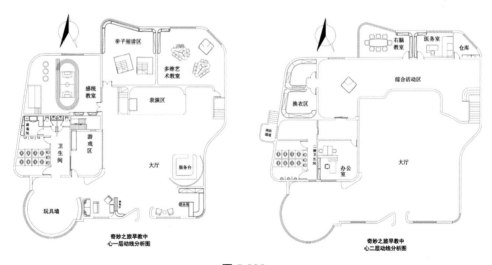

图 5-230

②在所有图层的最上方新建一个图层,命名为"路径图层"。选择画笔工具,点击"画笔

设置"(快捷键:F5),选择边界硬度较硬的画笔,调整画笔大小及间距(如图 5-231 所示)。

　　③利用钢笔工具在平面图中勾出所需的路线路径(如图 5-232 所示),绘制完成之后, 将鼠标放置到路径上,点击鼠标右键,选择"描边路径",在弹出的工具下拉栏中选择"画 笔"。按 Ctrl+回车变成选区,按 Ctrl+D 关闭选区。

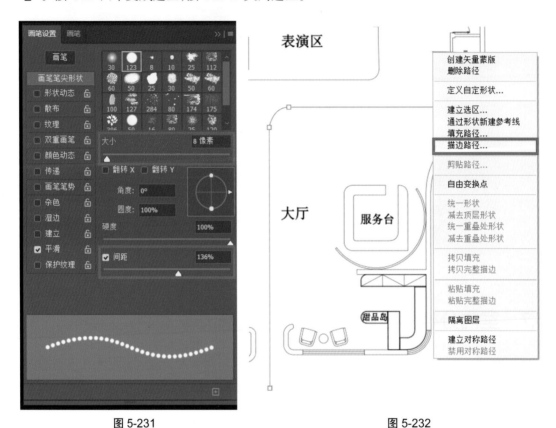

图 5-231   图 5-232

　　重复此操作直到所有路线完成绘制。开始此操作前如果有路径存在,描边路径即为描 边子路径。每次重复操作时应新建图层以方便编辑、更改。

　　④路线绘制完成后,将所有路线图层合并(快捷键: Ctrl+E)(如图 5-233 所示),选中早 教中心一楼的 CAD 图层与一楼的路线图层新建组,命名为"组 1";选中早教中心二楼的 CAD 图层与二楼的路线图层新建组,命名为"组 2"(如图 5-234 所示)。

　　⑤选择组 1、组 2,使用快捷键 Ctrl+T 激活自由变换,单击鼠标右键,选择"斜切"命令 (如图 5-235 所示),调整图层角度及透视(如图 5-236 所示)。

　　⑥运用移动工具(快捷键:V),将"组 1"和"组 2"摆放至如图 5-237 所示的位置。

　　⑦导入箭头素材,移动到合适位置,利用自由变换工具调整为合适的大小及角度透视, 完成效果(如图 5-238 所示)。

图 5-233

图 5-234

图 5-235

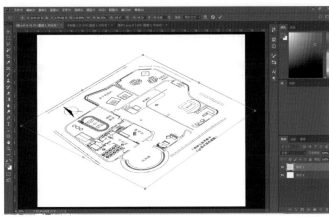

图 5-236

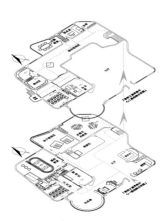

图 5-237

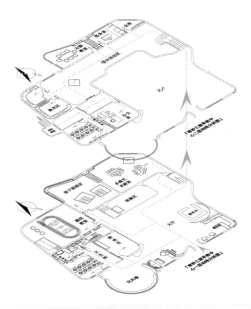

图 5-238

第 6 章　Photoshop 室外效果图后期实用技法

通过本章的学习,读者可以掌握室外景观平面布置图后期制作(日景、夜景)、室外景观剖面图后期制作、室外景观效果图后期制作(日景、夜景)、室外景观鸟瞰图后期制作的方法。

6.1　室外景观平面布置图后期制作(日景)

室外景观的彩色平面布置图后期制作在 CAD 出图时,不要在 CAD 中保留太多的图块、模型或填充(如图 6-1 所示),后期会导入一些素材让平面图变得更丰富。在进行前期 PDF 出图时,要将 CAD 图块以及景观植物的部分删除,得到一张材质区域图即可(如图 6-2 所示)。

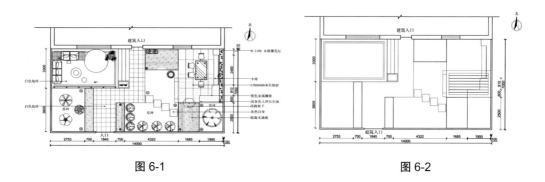

图 6-1　　　　　　　　　　　　　　　　图 6-2

室外景观的彩色平面布置图后期制作大致分为以下四个层次:

第一层次:地面铺装、水体等;

第二层次:景观小品等;

第三层次:绿植花卉等;

第四层次:鸟及云彩的表现(日景)或灯光布景(夜景)。

①将 CAD 出图的 PDF 文件导入 PS 中,并在导入的 PDF 原图层下新建一个图层,填充白色作为背景(做法同室内平面图)。利用魔棒工具在不同的材质处进行选区,依次新建图层并命名为"草地图层""木材图层""道路图层""廊图层""平台图层""建筑图层""篱笆图层"等(如图 6-3 所示),同时根据各个区域的材质给予不同的颜色(颜色要与贴图的素材相近,方便后期调整色彩)(如图 6-4 所示)。

　　依次导入景观彩色平面图素材（如图 6-5 所示），选择"编辑"→"定义图案"。并依次进行草地图层（如图 6-6 所示）、木材图层（如图 6-7 所示）、道路图层（如图 6-8 所示）、平台图层（如图 6-9 所示）的图层混合（ $f\!x$ ），给予图案叠加的命令，并修改其缩放比例等。

图 6-3

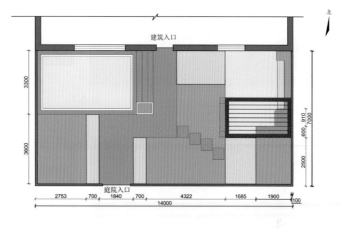

图 6-4

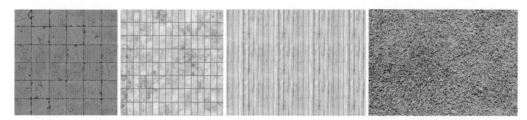

图 6-5

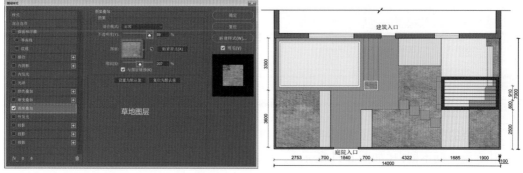

图 6-6

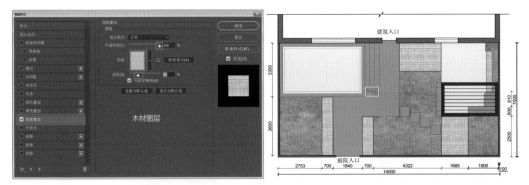

图 6-7

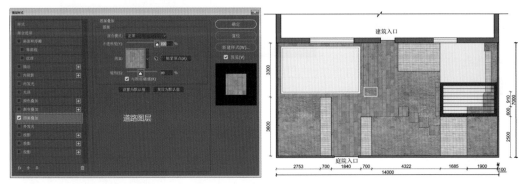

图 6-8

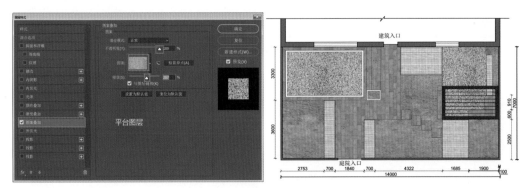

图 6-9

　　将剩余的空白的区域例如廊桥、花坛、窗户等位置进行色彩或材质的填充（如图 6-10 所示），让庭院空间不留白（如图 6-11 所示）。

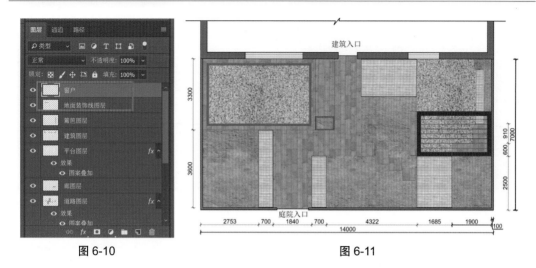

图 6-10　　　　　　　　　　　　　　　　图 6-11

②修改素材亮度。若所选的材料颜色偏重,且色彩感觉不符合要求,可以分图层进行曲线调整。例如:在草地图层下方新建一个空白图层(如图 6-12 所示),点击"草地图层",按 Ctrl+E,向下合并图层(合并之后图层混合不可恢复)(如图 6-13 所示),将"图层 1"(空白图层)名称修改为"草地图层"。利用曲线、色阶等命令修改草地的色彩感觉(如图 6-14 所示),让材质呈现出符合白天的视觉氛围(如图 6-15 所示)。图层内容(如图 6-16 所示)调整之后的整体色彩感觉如图 6-17 所示。

图 6-12

图 6-13

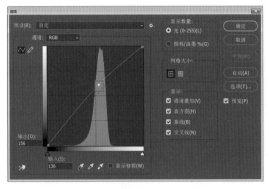

图 6-14

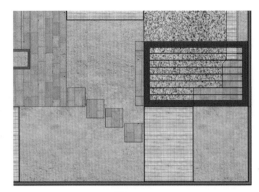

图 6-15

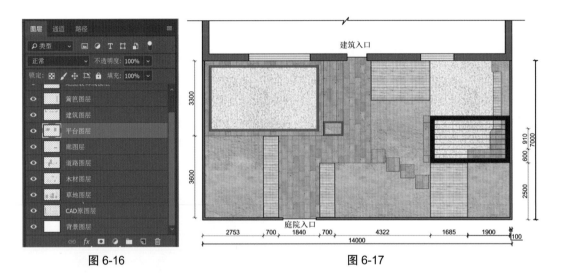

图 6-16   图 6-17

③拖曳素材，将景观小品以及植物素材拖入 PS 中。素材多为 JPG 图片，需要先将素材导入 PS 中，利用魔棒工具选中空白区域（如图 6-18 所示）后反选（快捷键：Ctrl+Shift+I），即可选中家具（如图 6-19 所示），再利用移动工具将其拖曳到庭院中，完成效果（如图 6-20所示）。

图 6-18

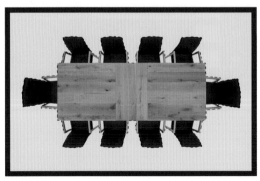

图 6-19

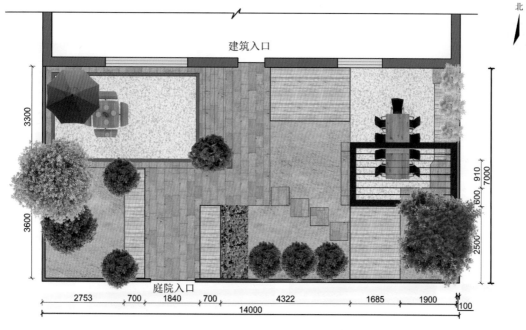

图 6-20

④修改植物的色彩感觉。目前拖曳的植物素材与空间氛围不协调（如图 6-21 所示），原因有两点：第一点是植物的色彩感觉以及趋光性缺失；第二点是缺少阴影。

调整植物的色彩感觉及趋光性。假设太阳从西边照射，光从左侧来，阴影在右侧，所有植物应左侧偏亮，右侧偏暗，运用减淡工具（如图 6-22 所示）与加深工具（如图 6-23 所示）调整植物的趋光性。庭院中的所有植物均可采取此做法进行趋光性的调整。

图 6-21　　　　　　　　　　　图 6-22　　　　　　　　　　　图 6-23

同理，在进行草地的趋光性修改时，利用减淡、加深工具来完成左侧浅、右侧深的趋光效果，增强草地的层次感。图 6-24 为原图未修改的效果，图 6-25 为修改后的效果。

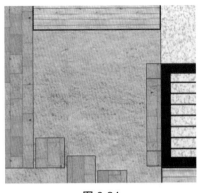 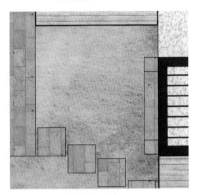

图 6-24　　　　　　　　　　　　　　　　图 6-25

文竹素材整体感觉偏灰（如图 6-26 所示），需要进行曲线（如图 6-27 所示）、色阶（如图 6-28 所示）的调整，完成的效果如图 6-29 所示。

 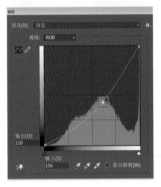 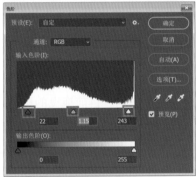 

图 6-26　　　　　图 6-27　　　　　　　　　图 6-28　　　　　图 6-29

花卉素材为一张照片（如图 6-30 所示），利用边界模糊度高的橡皮修改边缘（如图 6-31 所示）。

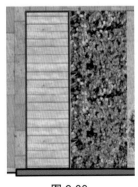 

图 6-30　　　　　　　　　　　　　　　图 6-31

⑤创建阴影。植物、雨伞、座椅、廊桥利用图层混合（fx）制作阴影（如图 6-32、6-33 所示）。篱笆、墙体利用长阴影的插件制作阴影（根据植物的高低程度，修改阴影的长度，植物高则阴影长，植物低则阴影短）。

图 6-32　　　　　　　　　　　　　图 6-33

　　台阶的阴影利用渐变工具进行制作。新建图层,框选选区,创建黑色完全不透明到黑色完全透明的渐变(如图 6-34 所示),将得到的阴影进行复制并移动到台阶处(如图 6-35 所示),整体阴影效果如图 6-36 所示。

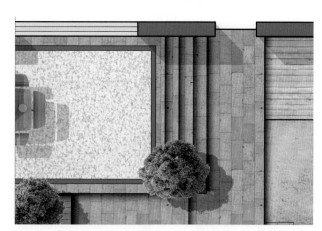

图 6-34　　　　　　　　　　　　　图 6-35

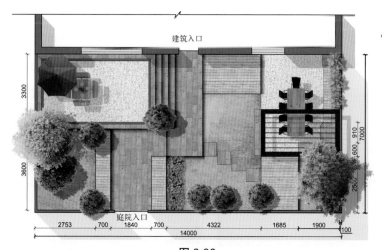

图 6-36

⑥制作庭院斑驳的效果。在所有图层的上面,导入一张污渍贴图(如图 6-37 所示),选择正片叠底模式(如图 6-38 所示),增加空间的氛围感(如图 6-39 所示)。然后将污渍贴图超出庭院以外的部分删除,或利用蒙版进行处理(如图 6-40 所示),得到的效果如图 6-41所示。

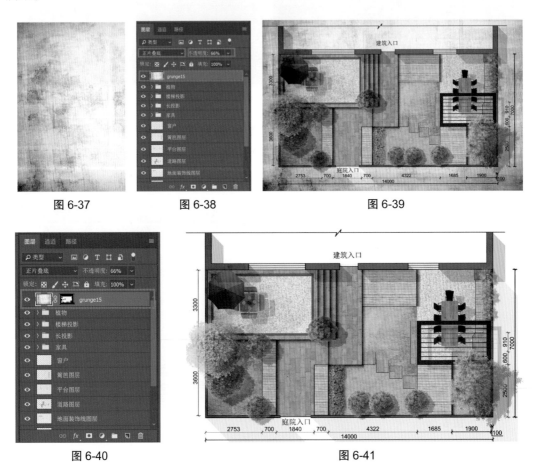

图 6-37   图 6-38   图 6-39

图 6-40   图 6-41

⑦整体色彩感觉调整。按快捷键 Ctrl+Shift+Alt+E,将所有可见图层合成一个图层,调整曲线(如图 6-42 所示),调整亮度/对比度(如图 6-43 所示)。

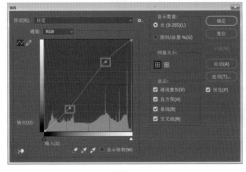

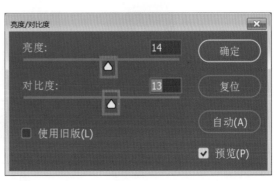

图 6-42   图 6-43

室外景观平面布置图（日景）的最终效果如图 6-44 所示。

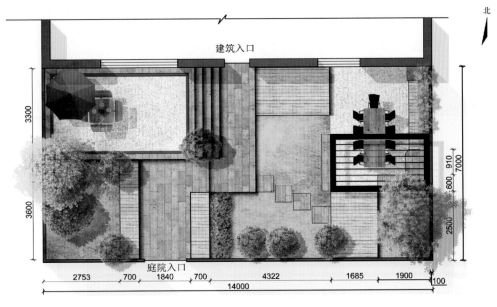

图 6-44

6.2　室外景观平面布置图后期制作（夜景）

　　①将制作的日景修改成夜景。夜景制作需要修改地面材料、植物的曲线（如图 6-45 所示）、色阶（如图 6-46 所示）、亮度/对比度（如图 6-47 所示）、色相/饱和度（如图 6-48 所示）。注意：分图层应依次调整，不要合并图层去修改，因亮度不同，调整的次数与参数均会有所不同。调整后的效果如图 6-49 所示。

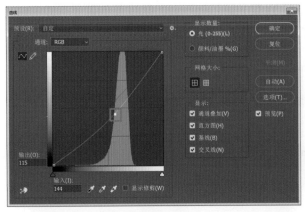

图 6-45　　　　　　　　　　　　　　　　图 6-46

图 6-47

图 6-48

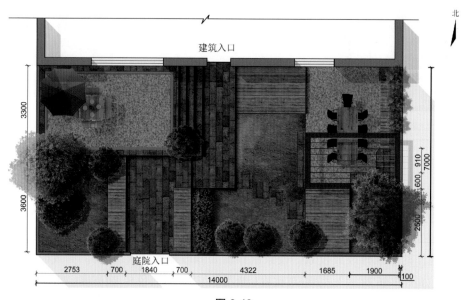

图 6-49

②制作夜晚光影（庭院灯、住宅灯）。住宅光影:新建图层,从浅黄色完全不透明到浅黄色完全透明做线性渐变（如图 6-50 所示）。庭院光影:新建图层,从浅黄色完全不透明到浅黄色完全透明做径向渐变做一盏庭院灯,其余灯具进行复制即可（如图 6-51 所示）。

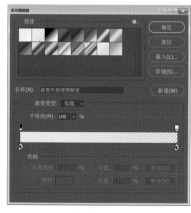

图 6-50

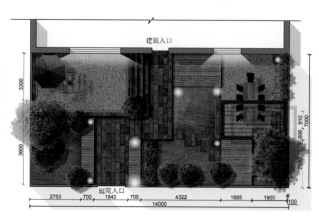

图 6-51

　　在庭院灯的周围,地面图层利用减淡工具做减淡处理,处理出被光照亮的效果(如图 6-52 所示)。

图 6-52

　　③处理光影细节。以建筑窗户为起点,距离窗户近的地方较亮,距离窗户远的地方较暗。将地面所有材质合并成一个图层(如图 6-53 所示),在地面图层上新建一个名为"光线渐变图层"的新图层(如图 6-54 所示)。在"光线渐变图层"上做渐变(如图 6-55 所示),对"光线渐变图层"创建剪切蒙版(如图 6-56 所示)。

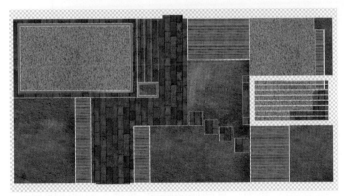

图 6-53

图 6-54

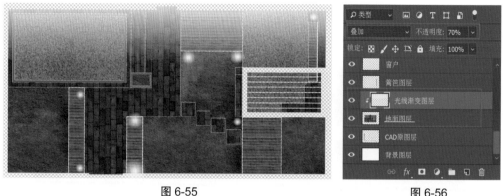

图 6-55   图 6-56

室外景观平面布置图(夜景)的最终效果如图 6-57 所示。

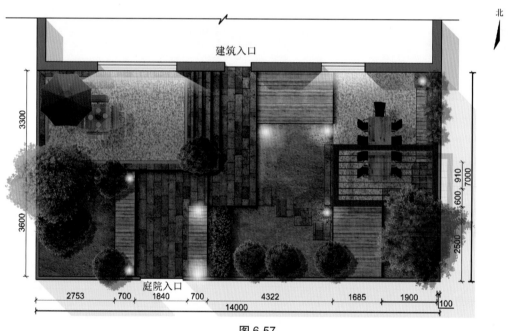

图 6-57

6.3 室外景观剖面图后期制作

室外景观剖面图后期制作的步骤顺序为"远景—近景—远景"。

①导入剖面线的素材(如图 6-58 所示),找到远景的树的贴图,并导入剖面线图层的下方(如图 6-59 所示)。

图 6-58

图 6-59

　　将此四张图片进行栅格化处理,利用橡皮擦工具(或蒙版工具)将此四张图中的天空、水体抠除(如图 6-60 所示)。

图 6-60

　　背景由四张贴图素材组成,素材与素材之间的交界有缝隙(如图 6-61 所示),在两张图片接缝的位置,利用图章工具在任意一张图上进行涂抹,做出延伸的效果(如图 6-62 所示)。拼贴后的整体效果如图 6-63 所示。

图 6-61

图 6 62

图 6-63

　　中间的黄色图片色彩偏黄,不符合夏季的色彩氛围,需要进行色相/饱和度的调整(如图 6-64 所示),调整后效果如图 6-65 所示。将修改后的四张图片合并图层,调整色相/饱和度(如图 6-66 所示),调整色彩平衡(变绿)(如图 6-67 所示),图层给予透明度 30%(如图 6-68 所示)。

图 6-64

图 6-65

图 6-66

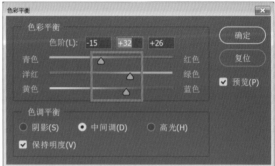

图 6-67

图 6-68

②制作地面。在画面中导入草坪贴图,注意贴图不能进行拉伸处理,需要将贴图进行复制(如图 6-69 所示),将同样的三张草坪贴图进行栅格化处理后,合并图层,并选择黑色蒙版(按 Alt 键添加蒙版)(如图 6-70 所示)。

图 6-69

③制作草坪笔刷。在新建的 PS 面板中导入草坪贴图,运用魔棒工具将白色区域删除

（如图 6-71 所示）。选择"编辑"→"定义画笔预设"（如图 6-72 所示），选择画笔工具，即可选择草坪笔刷（如图 6-73 所示）。

图 6-70

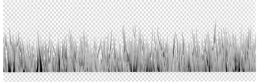

图 6-71

图 6-72

图 6-73

　　④制作草地。点选草地图层，选择白色画笔，运用草地笔刷，在黑色蒙版中进行草坪的绘制（如图 6-74、图 6-75 所示）。将地坪线以下的草坪利用黑色画笔（或利用选区工具框选）涂抹掉，地坪线下无草坪（如图 6-76 所示）。

图 6-74

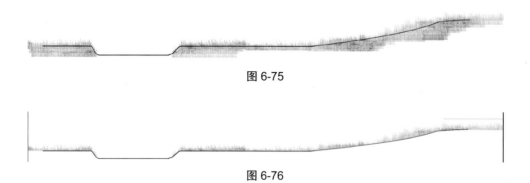

图 6-75

图 6-76

若草坪的亮度不够，可以利用色阶命令增加其深度，让其更明显（如图 6-77 所示）。

图 6-77

⑤制作地坪线下的土壤。将土壤贴图导入此文件中，一张不够可以复制两张（栅格化处理，合并图层）（如图 6-78 所示）。将地面以上的贴图部分利用选择工具（套索工具或钢笔工具）进行抠除（水体部分不需要删除）（如图 6-79 所示）。

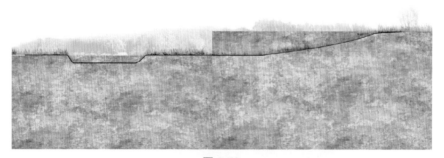

图 6-78

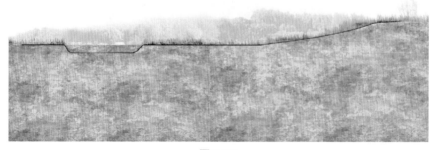

图 6-79

在此"土壤图层"中创建蒙版,设置土壤的渐变为由黑到白(如图 6-80 所示)。

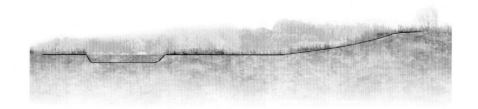

图 6-80

⑥制作水体。在"土壤图层"上新建图层,并在相应的水体区域进行蓝色的填充(如图 6-81 所示),并选择"颜色加深"的图层模式(如图 6-82 所示)。

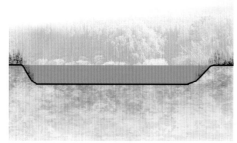

图 6-81　　　　　　　　　　　　图 6-82

⑦利用 PS 里自带的树木进行贴图。新建图层,选择"滤镜"→"渲染",选择"树"命令,再找到"5. 小枫树"(适合近处)和"10. 黑杨"(适合远处),运用 PS 自带的树木类型(如图 6-83 所示),进行剖面图树木的制作。然后将树进行色相/饱和度(如图 6-84 所示)、不透明度的调整(如图 6-85 所示)。

图 6-83

图 6-84　　　　　　　　　　　　　　　　　　图 6-85

　　树木的趋光性处理（图 6-86 所示为未处理的树木状态）。近处小枫树向阳的方向用减淡工具进行减淡，背阳的地方用加深工具进行加深处理（如图 6-87 所示）。向阳的方向可以在树图层上新建一个图层，利用浅黄色工具进行涂抹（如图 6-88 所示）。按 Ctrl+T 可改变树的形状。

图 6-86　　　　　　　　　　图 6-87　　　　　　　　　　图 6-88

　　远处的黑杨可以进行同样的操作。
　　也可以利用素材文件中"分层素材"中的树木素材进行剖面图的制作（如图 6-89 所示）。制作效果如图 6-90 所示。

图 6-89

图 6-90

　　远景树制作方法。利用素材中的树木素材，按 Ctrl+树木素材缩略图，将素材外轮廓选中，给予一个黑色的填充，进行远处树影的制作（营造出一片一片的感觉）（如图 6-91 所示）。

图 6-91

　　花丛制作方法。利用素材中的花丛素材，进行细节的处理，让画面更具有色彩感（如图 6-92 所示）。

图 6-92

　　⑧天空制作方法。导入天空素材（如图 6-93 所示），在"天空图层"创建蒙版，利用从黑到白的渐变及黑色画笔进行天空图层的修改（如图 6-94 所示）。

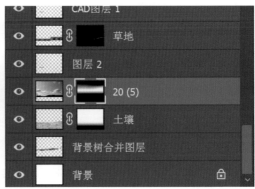

图 6-93　　　　　　　　　　　　　　　　　　图 6-94

⑨最后加入人物以及飞鸟素材。

室外景观剖面图的最终效果如图 6-95 所示。

图 6-95

6.4　室外景观效果图后期制作(日景)

"剪切风"景观效果图后期制作。

①将效果图导入 PS 中,再导入通道图层,将原始效果图图层进行复制,得到"背景拷贝"图层,将"背景拷贝"图层拖曳到所有图层的最上方,三个图层的排列位置如图 6-96 所示。原始效果图如图 6-97 所示。

图 6-96

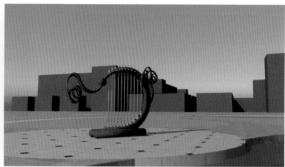

图 6-97

②利用通道图层,结合魔棒工具,分别将天空、建筑、草坪、水体、铺装(不同铺装单独分图层)、雕塑等不同内容选中,并依次单独复制背景拷贝图层(如图 6-98 所示)。

图 6-98

③调整图层的材质及亮度。地面铺装、雕塑等不需要重新改变材质的图层可利用曲线、色阶、色相/饱和度、亮度/对比度等命令进行修改,让材质和造型更符合阳光明媚的效果。例如雕塑下方地面铺装的调整参数如下:调节曲线(如图 6-99 所示)、色阶(如图 6-100 所示)、色相/饱和度(如图 6-101 所示)、亮度/对比度(如图 6-102 所示)。调整后雕塑下方地面的铺装效果如图 6-103 所示。

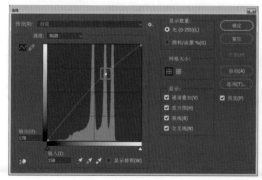

图 6-99

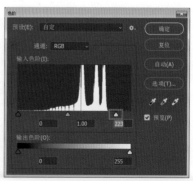

图 6-100

图 6-101　　　　　　　　　　　　　　　图 6-102

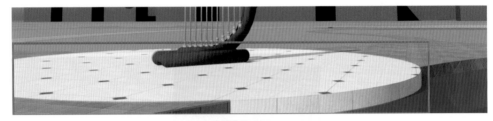

图 6-103

雕塑的制作方法同地面铺装（如图 6-104、图 6-105 所示）。

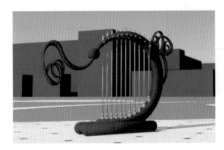
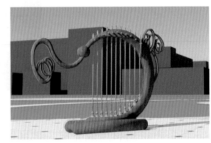

图 6-104　　　　　　　　　　　　图 6-105

④制作草坪。将草坪素材导入此 PS 文件中（如图 6-106 所示），将其放置到草坪图层的上方，使用快速剪切蒙版（快捷键：Ctrl+Alt+G）的命令（如图 6-107 所示），让草坪变得更真实（如图 6-108 所示）。

图 6-106　　　　　　　　　　　　　图 6-107

图 6-108

⑤制作远景建筑与天空。导入素材（如图 6-109 至图 6-111 所示），将素材放到远景的空间中（如图 6-112 所示），利用橡皮擦工具将建筑、山、树等素材做出远景的效果（如图 6-113 所示）。

图 6-109

图 6-110

图 6-111

图 6-112

图 6-113

处理原图背景。运用魔棒工具，到原图拷贝图层中将背景建筑图层删除，将图层中被复制出的建筑图层(如图 6-114 所示)、天空图层(如图 6-115 所示)、通道图层、背景图层进行隐藏处理(如图 6-116 所示)。得到的效果如图 6-117 所示。

图 6-114

图 6-115

图 6-116

图 6-117

处理天空。导入两张天空贴图,交叉叠放,呈现剪切的艺术效果(如图 6-118 所示)。改变两个图层的透明度,并在所有图层的最下方新建一个白色图层,让背景呈现白色(如图 6-119 所示)。

图 6-118

图 6-119

⑥进行近景树木的制作。导入种类多样的乔木、灌木、花草素材,让画面变得更加丰富(如图 6-120 所示)。

图 6-120

　　将拖曳的众多树木图层放入一个图层文件夹中,将此文件夹命名为"树",复制此文件夹(如图 6-121 所示),右键单击此文件夹,点击转换为智能对象(将众多树木素材整体合并成一个图层)(如图 6-122、图 6-123 所示),将此"树 拷贝"图层进行曲线(如图 6-124 所示)、亮度/对比度(如图 6-125 所示)、色相/饱和度(如图 6-126 所示)调整,让其亮度更符合空间要求(如图 6-127 所示)。

图 6-121

图 6-122

图 6-123

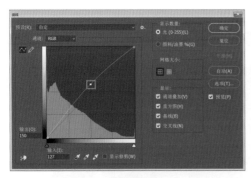

图 6-124

图 6-125

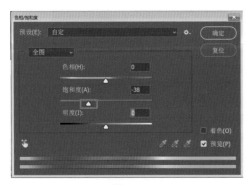

图 6-126

图 6-127

利用减淡与加深工具处理树木的趋光性。根据原图的投影,确定光照的方向,树木向阳的左上角做减淡处理,背阳的右下角做加深处理(如图 6-128 所示)。

图 6-128

在"树 拷贝"图层上方新建一个黄色光影图层,命名为"黄色光影图层"(如图 6-129 所示),利用不透明度较低的黄色画笔进行涂抹(如图 6-130 所示),涂抹后的效果如图 6-131所示。

图 6-129　　　　　　　　　　　　　　图 6-130

图 6-131

⑦制作水体。激活最下方的白色背景图层(如图 6-132 所示),选择裁剪工具,将底边边界往下拖曳,然后在白色背景图层中将空白区域用白色进行补充(如图 6-133 所示)。

图 6-132　　　　　　　　　　　　　　图 6-133

导入水体素材(如图 6-134 所示),放在铺装图层底部,将原水体图层隐藏(如图 6-135 所示)。

图 6-134　　　　　　　　　　　　　　　　　图 6-135

　　复制"铺装 1"和"铺装 2"图层（如图 6-136 所示），将两个图层进行合并（如图 6-137 所示），且将"铺装 1 铺装 2 合并"图层放到"铺装 1"和"铺装 2"图层的下方，在工作区利用移动工具向下移动图层（如图 6-138 所示），设置"正片叠底"的图层模式（如图 6-139 所示），得到倒影（如图 6-140 所示）。

图 6-136　　　　　　　　　　　　　　　　　图 6-137

图 6-138　　　　　　　　　　　　　　　　　图 6-139

图 6-140

利用套索或钢笔工具,将水体(如图 6-141 所示)进行切割,做出剪切效果(如图 6-142 所示)。

图 6-141

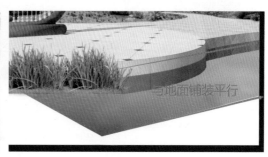

图 6-142

⑧制作芦苇笔刷。导入芦苇图片(如图 6-143 所示),将芦苇图片定义为画笔预设(如图 6-144 所示)。用芦苇画笔在岸边进行白色芦苇的绘制(如图 6-145 所示)。

图 6-143

图 6-144

图 6-145

⑨制作人物。导入人物素材(注意:人物脖子的高度都在一条水平线上,且此水平线的高度要高于地平线)(如图 6-146 所示)。

图 6-146

　　⑩制作人物投影。先将人物图层进行复制,倒放到人物素材脚下(如图 6-147 所示),将复制的图层设置为黑色填充(如图 6-148 所示),设置为半透明(如图 6-149 所示),利用自由变换工具(快捷键:Ctrl+T)缩短投影(如图 6-150 所示)。

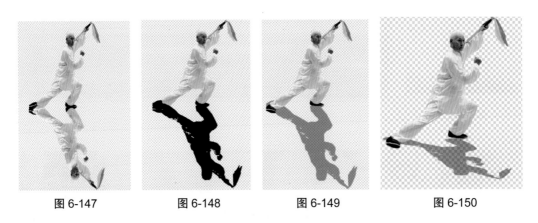

图 6-147　　　　　　图 6-148　　　　　　图 6-149　　　　　　图 6-150

　　⑪制作前景树。导入前景树素材(如图 6-151 所示)并把此树变成白色(如图 6-152 所示)。

图 6-151　　　　　　　　　　　　　　图 6-152

　　得到前景树的剪切效果(如图 6-153 所示)。

图 6-153

⑫将飞鸟素材导入 PS，并给予白色（如图 6-154 所示）。

⑬最终调整。将所有可见图层合并（快捷键：Ctrl+Alt+Shift+E），选择滤色效果，透明度设为 69%（如图 6-155 所示）。得到的效果如图 6-156 所示。在"滤镜"菜单栏中，通过渲染、镜头光晕，制作镜头光晕效果（如图 6-157 所示）。

图 6-154　　　　　　　　　　　　　　图 6-155

图 6-156　　　　　　　　　　　　　　图 6-157

室外景观效果图（日景）的最终效果如图 6-158 所示。

图 6-158

6.5 室外景观效果图后期制作(夜景)

①将效果图导入 PS 中,再导入通道,将"背景"图层进行复制,得到"背景拷贝"图层,将"背景拷贝"图层拖曳至三个图层的最上方,三个图层的排列位置如图 6-159 所示。

②整体提亮。在"背景拷贝"图层中,用曲线工具(快捷键:Ctrl+M),进行 2~3 次提亮(如图 6-160 所示)。

图 6-159

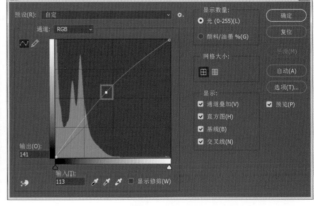

图 6-160

③凉亭提亮。在通道图层中,将凉亭部分选中(如图 6-161 所示),在"背景拷贝"图层中,进行区域复制(快捷键:Ctrl+J),得到图形(如图 6-162 所示),进行单独图层的提亮。

图 6-161

图 6-162

　　选择工具栏的快速蒙版工具（快捷键：Q），在凉亭图层上，选择渐变工具，从左到右拖曳（如图 6-163 所示）。然后关闭快速蒙版工具（快捷键：Q），在画面的右侧得到一个选区（如图 6-164 所示），进行反选（快捷键：Ctrl+Shift+I），得到左边的选区（如图 6-165 所示），再运用曲线工具（快捷键：Ctrl+M）进行提亮（图 6-166 所示为原图，图 6-167 为提亮一次的效果，图 6-168 为提亮三次的效果）。

图 6-163

图 6-164

图 6-165

图 6-166

图 6-167

图 6-168

　　同理，在通道图层，复制地面（左侧靠近建筑），用曲线工具提亮（如图 6-169 所示），用快速蒙版工具进行选择,完成渐变下的提亮(如图 6-170 所示)。

　　凉亭左侧的花卉也以同样的手法进行处理,使用魔棒工具选择相应选区(如图 6-171 所示),在"背景拷贝"图层中进行复制(如图 6-172 所示),利用曲线来调整亮度(如图 6-173 所示)。

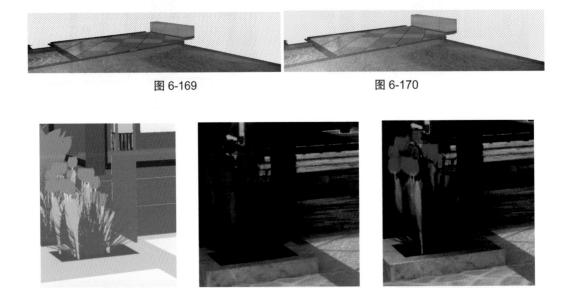

图 6-169　　　　　　　　　　　　　　　图 6-170

图 6-171　　　　　　　　图 6-172　　　　　　　　图 6-173

　　④处理暗处的景观墙以及建筑构件。利用魔棒工具在通道图层进行选择(如图 6-174 所示),在"背景拷贝"图层进行复制(如图 6-175 所示),利用曲线工具(快捷键:Ctrl+M)进行提亮(如图 6-176 所示)。

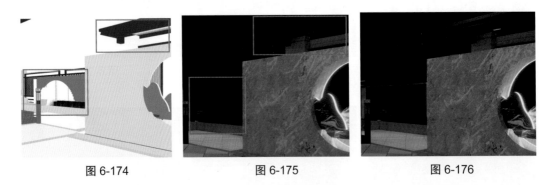

图 6-174　　　　　　　　图 6-175　　　　　　　　图 6-176

　　⑤当所有的建筑以及装饰均被调亮之后,需要调整色相。地面以及镜头右侧的石材颜色明显偏黄(如图 6-177 所示)。在新复制的图层里,进行色相/饱和度的调整(如图 6-178 所示)。得到的效果如图 6-179 所示。

图 6-177　　　　　　　　　　　　　　　　图 6-178

图 6-179

　　⑥制作植物。将绿色植物素材拖入 PS 中,进行复制,调整后得到影壁墙前的植物丛(如图 6-180 所示)。利用曲线工具调暗(重复 3~4 次)(如图 6-181 所示),再利用亮度/对比度将植物变暗,以符合夜景氛围(如图 6-182 所示)。将此植物图层做不透明度处埋,让此植物与周围更融合(如图 6-183 所示)。

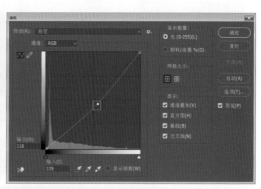

图 6-180　　　　　　　　　　　　　　　　图 6-181

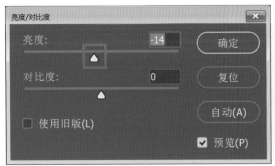

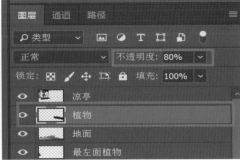

图 6-182　　　　　　　　　　　　图 6-183

加深植物根部。植物的底部太亮,不符合夜景氛围。在植物图层上新建一个图层,创建选区,采用渐变命令,从根部到叶部,做浅黄色完全不透明到浅黄色完全透明的渐变(如图 6-184、图 6-185 所示),在图层混合中选择减去的模式(如图 6-186 所示),让根部到叶部变黑,以模拟光线照不到的状态(如图 6-187 所示)。

图 6-184　　　　　　　　　　　　图 6-185

图 6-186　　　　　　　　　　　　图 6-187

做影壁墙前的亮光。在影壁墙的图层上新建一个图层,创建选区(如图 6-188 所示),做出白色完全不透明到白色完全透明的渐变,并对此图层进行半透明处理(如图 6-189 所示)。

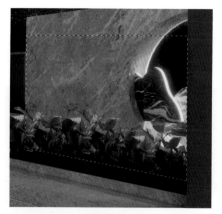

图 6-188

图 6-189

⑦提亮庭院灯。在所有图层的最上方创建一个黑色的新图层（如图 6-190 所示），选择"颜色减淡"的混合模式。在庭院灯的内部进行选区的创建（如图 6-191 所示），用白色柔边画笔（如图 6-192 所示）在降低不透明度及流量的情况下（如图 6-193 所示）进行涂抹，得到的效果如图 6-194 所示。

图 6-190

图 6-191

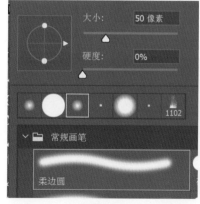

图 6-192

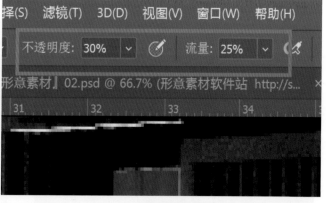

图 6-193

在"灯光制作"图层上新建一个图层（如图 6-195 所示），在庭院灯的上面绘制一个外围灯光的区域（如图 6-196 所示），且将此图层混合模式改成"叠加"（如图 6-195 所示），得到的效果如图 6-197 所示。同样的步骤再重复一次，最后得到的光影效果如图 6-198 所示。

图 6-194

图 6-195

图 6-196

图 6-197

图 6-198

⑧制作夜景天空。将素材图片导入文件中（如图 6-199 所示），放到"背景 拷贝"图层上方（如图 6-200 所示）。赋予"星空图层"一个蒙版（如图 6-201 所示），选择渐变工具，做黑色完全不透明到黑色完全透明的渐变（如图 6-202 所示），在蒙版中做黑色渐变,并调整"星空图层"的不透明度为 50%（如图 6-203 所示）。

图 6-199

图 6-200

图 6-201　　　　　　　　　　　图 6-202　　　　　　　　　　　图 6-203

室外景观效果图（夜景）的最终效果如图 6-204 所示。

图 6-204

6.6　室外景观鸟瞰图后期制作

①将效果图导入 PS 中，再导入通道，将"背景"图层进行复制，得到"背景 拷贝"图层，将"背景 拷贝"图层拖曳至三个图层的最上方，三个图层的排列位置如图 6-205 所示。

②铺设草坪、水体。在"鸟瞰通道"图层（如图 6-206 所示），用魔棒工具将草地、水体、道路铺装图层等不同内容分别选中，回到"背景 拷贝"图层，并依次单独进行内容复制（快捷键：Ctrl+J），并为不同的图层命名（如图 6-207 所示）。导入水体素材图片（如图 6-208 所示）、草坪素材图片（如图 6-209 所示），利用裁剪工具修改素材边界，在"编辑"菜单栏中定义图案（如图 6-210、图 6-211 所示），将水体图层、草坪图层在（fx）下进行图层叠加（如图

6-212 所示）。

图 6-205

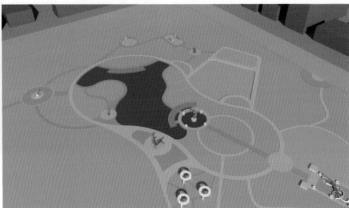
图 6-206

图 6-207

图 6-208

图 6-209

图 6-210

图 6-211

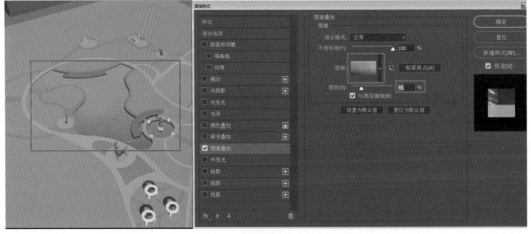
图 6-212

将草坪素材直接导入文件中,可以利用裁剪工具、复制命令、图章工具对草坪进行处理(如图 6-213 所示),将此"草坪"图层拖曳到"绿植"图层的上方(如图 6-214 所示),进行快速剪切蒙版处理(快捷键:Ctrl+Alt+G)(如图 6-215 所示),得到的效果如图 6-216 所示。

图 6-213　　　　　　　　　图 6-214　　　　　　　　　图 6-215

图 6-216

③调整亮度。将广场、道路、水体、草坪、周围建筑等图层均进行亮度调整,曲线(需要调整多次)参数如图 6-217 所示,亮度/对比度参数如图 6-218 所示,让其符合日景的照射亮度及规律。

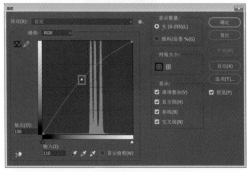

图 6-217

图 6-218

水体亮度调整。在"水体"图层的下方创建空白图层"图层 1"（如图 6-219 所示），点击"水体"图层，向下合并图层（快捷键：Ctrl+E），得到一个有图案叠加的"图层 1"（如图 6-220 所示）。将此图层进行曲线、亮度/对比度的调整，得到的效果如图 6-221 所示。

图 6-219   图 6-220   图 6-221

④栽种植物。在图层面板创建一个名为"树木图层"的文件夹，拖入素材以方便整理与移动（如图 6-222 所示），将植物素材原图层打开（如图 6-223 所示），将树木拖入。拖入时需要从远处往近处（因为后拖入的树木图层会在先拖入的树木图层的上面），尽量保持近大远小、近实远虚的制作原则，得到的效果如图 6-224 所示。

图 6-222   图 6-223

图 6-224

⑤制作花丛。在乔木的周围，应种植灌木、花丛等植物。先将花丛素材拖入（如图 6-225 所示），在鸟瞰通道图层中，运用魔棒工具将此区域选中（如图 6-226 所示）后反选（快捷键：Ctrl+Shift+I），将周围区域选中，回到导入的花丛素材图层，将其删除（快捷键：Delete）（如图 6-227 所示），得到的效果如图 6-228 所示。

图 6-225

图 6-226

图 6-227

图 6-228

⑥细化水体。在图层中新建组，命名为"荷花池"，导入荷花素材（如图 6-229 所示），将荷花素材图层栅格化处理，并按照比例进行自由变换（快捷键：Ctrl+T）（如图 6-230 所示），利用拟图工具或橡皮擦工具进行处理，得到的效果如图 6-231 所示。将此荷花素材进行复制，然后移动或旋转，围绕水体的周围进行摆放（如图 6-232 所示）。打开金鱼素材，将金鱼拖入水体中（如图 6-233 所示）。

图 6-229

图 6-230

图 6-231

图 6-232

图 6-233

⑦处理细节。右键单击"树木图层""花丛图层""水体图层"文件夹（如图 6-234 所示），创建智能对象（如图 6-235 所示）。将此三个文件夹变成三张智能图片，调整亮度/对比度、曲线及色彩平衡（如图 6-236 所示）。

图 6-234

图 6-235

利用加深和减淡工具，在"草坪图层"及"水体图层"，围绕中心景观进行减淡，提亮草坪与水体。将"树木图层""花丛图层""水体图层"单独显示（如图 6-237 所示），利用浅黄色画笔工具调整不透明度和流量（如图 6-238 所示），在树木的右侧进行涂抹，以模仿光照的效果（如图 6-239 所示）。

图 6-236

图 6-237

图 6-238

图 6-239

⑧制作鸟瞰人物。将人物素材导入文件中（如图 6-240 所示），给予"正片叠底"的图层混合模式（如图 6-241 所示）。将人物素材图层栅格化处理，利用橡皮擦工具，将多余的人物素材进行删除。

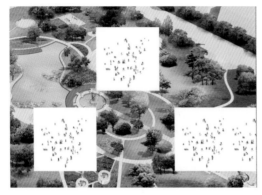
图 6-240

图 6-241

⑨最终调整。导入鸟类素材（如图 6-242 所示），让画面变得更丰富。导入云彩素材（如图 6-243 所示），选择"编辑"→"云彩笔刷"，在画面上绘制云彩。

图 6-242

图 6-243

合并所有可见图层（快捷键·Ctrl+Shift+Alt+E），调整对比度及亮度，让图片更具有真实性。

室外景观鸟瞰图的最终效果如图 6-244 所示。

图 6-244